全彩版

# 图说生姜高效栽培

主　编　彭长江
参　编　李坤清　尧　西　鄢俊梅
　　　　陈华凤　张谨微

机械工业出版社

本书内容包括生姜概述、生姜类型和品种、生姜播前准备、生姜露地栽培、生姜大棚栽培、姜芽栽培、生姜病虫害防治、克服生姜连作障碍、生姜储藏等技术，并提供了知名生姜高效栽培的实例。书中使用了大量的实际照片，在生产上有很强的针对性和可操作性，是一本不可多得的农业实用技术图书。

本书是作者多年研究成果和实践经验的结晶，可供广大姜农和相关企业学习使用，也可供农业院校相关专业的师生学习参考。

**图书在版编目（CIP）数据**

图说生姜高效栽培：全彩版/彭长江主编. —北京：机械工业出版社，2017.8（2024.11 重印）
（图说高效栽培直通车）
ISBN 978-7-111-57310-4

Ⅰ.①图… Ⅱ.①彭… Ⅲ.①姜-蔬菜园艺-图解 Ⅳ.①S632.5-64

中国版本图书馆 CIP 数据核字（2017）第 161082 号

机械工业出版社（北京市百万庄大街 22 号　邮政编码 100037）
策划编辑：高　伟　责任编辑：高　伟　张　建
责任校对：黄兴伟　责任印制：常天培
北京宝隆世纪印刷有限公司印刷
2024 年 11 月第 1 版第 10 次印刷
148mm×210mm · 4.75 印张 · 154 千字
标准书号：ISBN 978-7-111-57310-4
定价：29.80 元

凡购本书，如有缺页、倒页、脱页，由本社发行部调换

| 电话服务 | 网络服务 |
| --- | --- |
| 服务咨询热线：010-88361066 | 机 工 官 网：www.cmpbook.com |
| 读者购书热线：010-68326294 | 机 工 官 博：weibo.com/cmp1952 |
| 010-88379203 | 金 书 网：www.golden-book.com |
| **封面无防伪标均为盗版** | 教育服务网：www.cmpedu.com |

# 前　言

Introduction

生姜是一种集蔬菜、调味品、加工食品原料、药材于一体的多用途农作物，我国各地均有食用生姜的习惯。近些年，随着种植业结构的调整及高产高效农业的发展，我国生姜的种植面积不断扩大，优势产区不断形成，生姜生产和加工已成为产区农民增收致富的重要途径。

生姜栽培过程中的每一个技术环节都对其产量和种植者的收益有着重要的影响，根据广大生姜种植者的需求，编者结合自己多年的研究成果和实践经验，以图文并茂的形式编写了本书，主要内容包括生姜概述、生姜类型和品种、生姜播前准备、生姜露地栽培、生姜大棚栽培、姜芽栽培、生姜病虫害防治、克服生姜连作障碍、生姜储藏等技术，并提供了知名生姜产业高效栽培的实例。书中大量的图片全部来自生产第一线，可供读者参考和借鉴。生姜种植的成本和收益都比较高，认真学习和落实各个技术环节可以产生很好的效益。因此，建议生姜种植者在准备种植之前，认真阅读本书的相关章节，并根据市场需求和自身的实际情况选择种植方式，落实各项技术措施，从而实现高产高效的既定目标。

需要特别说明的是，本书所用农药及其使用剂量仅供读者参考。在实际生产中，所用药物学名、常用名和实际商品名称有差异，药物浓度也有所不同，建议读者在使用每一种药物之前，参阅厂家提供的产品说明书，科学使用药物。

在本书编写的过程中，编者参引了许多相关书籍和文献中的内容，在此对撰写这些书籍和文献的作者表示衷心的感谢!

由于编者水平有限，书中难免存在错误和不足之处，敬请读者批评指正。

编　者

# 目 录

Contents

## 21 第三章 生姜播前准备



## 38 第四章 生姜露地栽培



## 62 第五章 生姜大棚栽培

## 77 第六章 姜芽栽培



## 96 第七章 生姜病虫害防治



## 116 第八章 克服生姜连作障碍



## 120 第九章 生姜储藏

第一章

# 生 姜 概 述

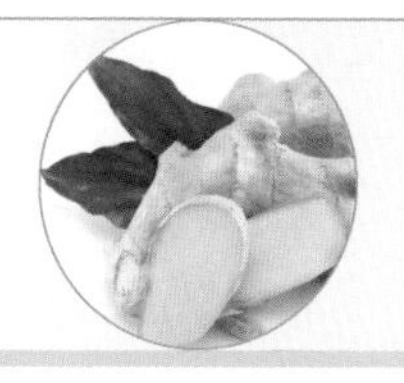

## 一、生姜生产概况

生姜在世界温带、热带和亚热带地区广泛栽培。根据联合国粮食及农业组织（FAO）公布的数据，2012 年全世界生姜种植面积为 322157ha，即 483.24 万亩（1 亩≈666.7$m^2$）。全世界有 50 多个国家种植生姜，其中，中国、印度、尼日利亚、印度尼西亚、孟加拉国、巴西等国占全世界生姜种植面积和产量的 90% 以上。中国是最大的生姜生产国和出口国，中国的种植面积和产量占世界的 30% ~40%。我国生姜种植面积和产量主要集中在 8 个主产区，南方有湖北、湖南、四川、贵州、广西 5 个主产区；北方有山东、河南、陕西 3 个主产区。全国生姜种植面积为 150 万 ~250 万亩。生姜市场销路主要有 4 个方面：

**（1）国内鲜销** 国内鲜销是目前生姜的主要消费渠道，主要包括调味姜（老姜）和菜用姜（仔姜）（图 1-1）。

图 1-1 国内的生姜市场鲜销

**（2）生姜出口** 我国生姜产量规模大、品质好，价格优势大，国际竞争力强。山东省是我国生姜主要出口基地，而南方地区由于种植较为分散，并且以生产菜用仔姜为主，不便于储藏运输和出口，因此出口量很少。

**（3）食品加工业** 生姜可经加工制成腌制姜、酱渍姜、姜干、姜粉、姜汁、姜油、姜酒、糖姜片等多种产品（图1-2和图1-3）。

图1-2 生姜加工品

图1-3 生姜盐渍制品

**（4）生姜药用** 生姜是我国传统中药，有解毒、散寒、温胃、发汗、止呕、祛风等功效，是良好的健胃、祛寒和发汗剂。例如，犍为黄口姜多作为药材出售，是有名的道地药材。

## 二、生姜植物学特征

生姜为姜科姜属中能形成地下肉质茎的多年生宿根草本植物，在我国多作一年生蔬菜栽培。生姜为无性繁殖蔬菜，很少开花，主要器官有根、茎、叶等。

**1. 根**

生姜尽管生长在地下，但并不是根而是地下茎。生姜植株真正的根只有纤维根和肉质根两种（图1-4和图1-5）。纤维根先从幼芽基部长出不定根，并形成侧根，逐步形成主要吸收根系。纤维根的主要功能是吸收水分和溶于水中的矿物质，将水与矿物质输导到茎，是姜的主要吸收器官。在生姜的旺盛生长期，种姜和子姜的下部节长出乳白色的肉质根，肉质根较短，且粗，不分叉，基本上无根毛，吸收能力差，主要起固定支撑和储存养分作用。姜为浅根性作物，绝大部分的根分布于土壤上层30cm以内的耕作层内，只有少量的根可伸入土壤下层。

【提示】 生姜根系并不是不可改变的，土壤耕作层的土壤厚而疏松，或者培土次数多，则根系扩展范围会更大，根量会更多、更长，也就更有利于养分的吸收。

图1-4　纤维根

**2. 茎**

生姜的茎包括地下茎和地上茎两部分（图1-6）。地下茎为根状茎，简称根茎，就是我们所说的生姜产品，俗称姜块。生姜由多个地上茎基部膨大而成，主要包括种姜和次生姜。种姜播种后腋芽萌发并抽生新苗，形成地上茎的主茎，随着主茎的生长，主茎基部逐渐膨大形成“姜母”，之后姜母两侧的腋芽萌发并长出2~4个姜苗，即为地上茎的一次分枝，随着这

图1-5　肉质根

些姜苗的生长，其基部逐渐膨大形成“子姜”，子姜上的腋芽再发生新苗，其基部膨大生长形成“孙姜”。分枝的基部逐次膨大，形成一个完整的生姜产品（图1-7）。生姜地上茎的生长与地下茎生长有直接的关系，就同一品种而言，地上茎分枝越多，长势越好，其单株产量就越高，种植者可通过观察地上茎的长势推断出根茎的长势。

图1-6　生姜地上茎和地下茎

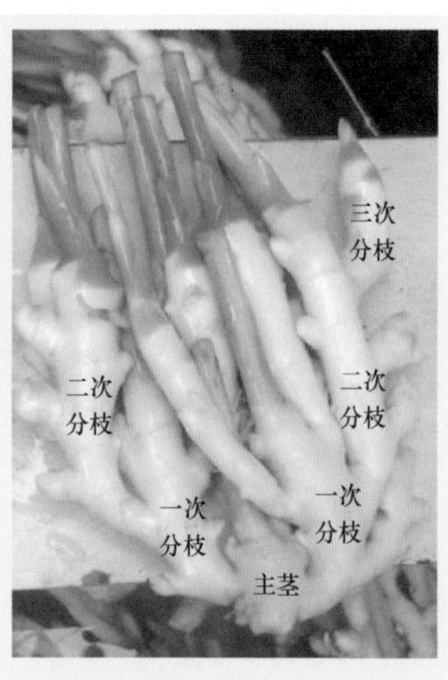


图1-7　四川竹根姜的分枝

**3. 叶**

姜叶为披针形，互生，具有横出平行叶脉。生姜的叶是进行光合作用、气体交换和水分蒸腾的重要器官（图1-8）。壮龄功能叶片长18~24cm、宽2~3cm，叶片中脉较粗，下部有不闭合的叶鞘。叶鞘与叶片相连处，有一凸出物称为叶舌，叶舌内侧即为出叶孔。在栽培上，若供水不匀，新生叶易在出叶孔处扭曲畸形，不能正常展开，俗称“挽辫子”。据赵德婉研究，在幼苗期姜叶生长较慢，每3~4天长出1片新叶；到幼苗后期，生长速度稍快，每1.5~2天可长出1片新叶。立秋以后，叶面积迅速增大，生长最旺盛时，平均每天可长出2片新叶，但是在10月上旬以后随着气温逐步下降，叶面积增速也放缓。生姜的叶不仅是重要的器官，同时也是观察生长状况的重要部位，生姜的肥水管理和病虫为害等信息可以通过姜叶观察出来，叶片的长势、长相直接决定整个生姜植株的长势、长相（图1-9）。

图1-8 生姜叶片

图1-9 叶色正常，叶量较大是生姜丰产的外在表现

## 三、生姜对环境条件的要求

**1. 温度**

生姜起源于热带地区，在系统发育过程中形成了喜温不耐寒的特性。温度是生姜栽培的重要因素。生姜在各个生长时期对温度的要求各有差异。生姜幼芽可在16℃以上萌发，但生长非常缓慢。萌芽的适宜温度为22~25℃，在高温条件下，生姜发芽快，但不健壮。茎、叶生长以20~28℃较为适宜；根茎膨大盛期最适宜温度为25℃，且要求有一定的昼夜温差，白

天25℃，夜间17～18℃，这种温度条件对养分制造和积累最有利。秋季气温降至16℃以下时，生姜植株便停止生长，遇霜时即开始枯萎（图1-10和图1-11）。

图1-10　温度是生姜催芽的首要条件

图1-11　覆膜增温栽培可实现生姜早收获、早上市

**2. 光照**

生姜喜光较耐阴，但不耐强光，在中等强度的光照条件下生长良好；若遇强光，植株反而生长不旺，叶片的叶绿素减少，甚至发黄枯萎。若连发阴雨天气，光照不足，对姜苗生长也不利。生姜在不同生长时期要求的光照强度也不同。发芽期间要求黑暗，幼苗期间在半阴半阳状态下生长良

好，旺盛生长期同化作用较强，需光量大，应拆除覆盖物，满足其光照条件，以积累更多的光合产物（图1-12和图1-13）。

图1-12　光照强烈容易使生姜叶色失绿

图1-13　幼苗期在半阴半阳状态下生长良好

**3. 水分**

水在生姜植株体内的含量超过90%，是生姜植株及其产品的重要组成部分。生姜植株通过地下部分的根系吸收水分，地上部分向外散发（蒸腾）水分。生姜是浅根性作物，根量不多，特别是吸收养分和水分的纤维根较少，根系不发达，吸水力较弱，土壤深层的水分不能充分利用。生姜如果遭遇较长时间的干旱，则植株矮小，产量降低；如果雨水过多，土壤积水，同样容易导致生姜生长发育不良，引发病变。所以，适宜的水分是生姜正常生长发育并获得高产的重要保证。夏、秋季节雨水较多，但分布不均，经常遭遇干旱和水涝，这是种植生姜时需要认真解决的问题（图1-14）。

图1-14　适宜的水分可使生姜正常生长发育并获得高产

**4. 土壤**

生姜对土壤的适应性较广，无论是在沙土、壤土或黏土中都能生长，但以土层深厚、土质疏松而肥沃、有机物丰富、通气性良好、易于排水的沙壤土栽培为好。不同土质对生姜的产量和品质有一定影响。沙性土壤农事操作方便，根茎光洁美观，含水量较少，干物质较多，但保水保肥能力弱，容易遭遇干旱，且不能做到均衡持续供给养分，产量较低，根茎微黄。如果泥土黏性强，其地下根茎生长延伸受到限制，且在收挖时泥土附着在生姜上，除去泥土很麻烦，因此以沙壤土最为适宜。当然，生姜也会因栽培方式不同，对土壤的要求也不一样。如果采用撬窝栽培方式，沙壤土则不易成形，土壤较黏一些，反而便于撬窝成形。生姜对酸碱度的适应性较强，在pH在5.5～7内植株生长较好，pH在8以上或5以下时，植株矮小，叶片发黄，长势不旺，根茎发育不良。在同一地块，生姜忌连作。由于土传病害的防治十分困难，而且成本较高，特别是姜瘟病，技术性要求较强，因此不宜连作，特别是在没有种植经验的新区更不宜连作（图1-15）。

图1-15 沙壤土有利于田间作业

**5. 养分**

生姜在生长过程中，对矿质元素的吸收动态，与植株鲜重的增长动态是一致的。幼苗期植株生长缓慢，生长量小，对矿质元素的吸收量也少。旺盛生长期植株生长速度加快，其矿质元素的吸收量也增加。生姜喜肥耐肥，全生长期吸收的钾最多，氮次之，磷居第三位。据徐坤等试验研究表明，生产 1000kg 鲜姜，约吸收氮 6. 34kg、磷 1. 31kg、钾 11. 17kg、钙 1. 82kg、镁 2. 27kg。氮肥可显著促进植株生长，改善叶片的光合性能和植株的营养状况，从而促进养分的同化、运输与合理分配，最终使生姜产量提高。氮肥是我国最先推广的化肥品种，农民对氮肥的增产效果有较多的认识。在生姜种植区相当部分的姜农重视氮肥的施用，但又忽视了钾肥、锌肥和硼肥的合理、足量施用，这是影响实现生姜高产、稳产的重要因素。生姜与其他农作物不同，它对钾肥的需求量超过氮肥（图 1-16）。钾肥是生姜高产、稳产的必需营养元素，钾元素主要负责植株体内的物质转化，对提高植株抗旱、耐寒、抗病能力，提高生姜产量和品质有显著的作用。很多生姜种植区的土壤都不同程度地缺锌、缺硼，植物缺锌时，生长发育停滞、叶片缩小、茎节缩短；缺硼时根茎生长缓慢，甚至停止生长，因此生姜种植者必须重视补锌和补硼。

图 1-16 生姜对氮、磷、钾的需求之比为 4:1:5

【提示】 硼的作用是将叶片制造的养分向块茎输导，当硼缺乏时，叶片制造的养分不能输送到块茎，造成姜块茎裂口，品质变差。因此在多数姜田施用硼肥都有显著提高产量的效果。

## 四、生姜生长发育和农事活动过程

生姜为无性繁殖的蔬菜，其整个生长过程基本上是营养生长的过程。生姜的生长发育是一个连续的过程，其植株总重量及茎、叶重量的变化是先慢后快，最后逐步停滞。生姜的生长虽有明显的阶段性，但划分并不严格。根据生姜的生长形态、生长季节和农事活动可以将其划分为发芽出苗期、幼苗期、旺盛生长期、休眠储藏期 4 个时期。由于生姜生长区域不同，无霜期时间相差较大，故生姜生长期的长短有较大差异，且不同生长阶段持续的时间也不同。

**1. 发芽出苗期**

从种姜打破休眠，幼芽开始萌动，到第一片姜叶出土并展开的整个过程为发芽出苗期。此期主要靠种姜储存的养分分解来供幼芽生长。幼芽的萌发时间比较长，生长量却很小，但对整个植株器官发生、生长及产量形成有重要影响。种姜发芽出苗时间的长短，一是取决于是否进行人工催芽，春季气温较低，如果在自然条件下发芽出苗需要 40 ~ 50 天，但如果采用人工增温催芽的方法，可以在 25 天左右催出合格的短壮芽；二是取决于播种时间，如果播期早、气温低，则发芽出苗需要的时间长，播种晚、气温高，则发芽出苗需要的时间短；三是取决于栽培方式，如覆盖地膜、栽培较浅等方式，都可以缩短发芽出苗的时间。

此期的主要工作是尽量采用合理的催芽和栽培方式，缩短发芽出苗时间，保证苗全、苗壮。生姜产量与发芽出苗的时间有直接关系。生姜发芽出苗耽误的时间越长，其产量损失就越大，生姜出苗后在适宜温度条件下的生长时间越长，其产量越高（图 1-17）。

**2. 幼苗期**

由叶片展开至具有两个较大的一次分枝，即呈“三股杈”时为止，这是生姜幼苗期结束的形态标志。这一时期，幼苗生长由完全依靠种姜的养分，逐渐转变到植株自己可以从土壤中吸收营养物质和通过光合作用制造养分进行自养。此间生姜植株生长速度慢，生长量较小，但是此时形成的一次分枝却是以后制造养分、形成产量的重要器官，为后期植株旺盛生长和获得高产打下基础。

图 1-17 发芽出苗期

此期的主要工作是创造适宜的温度条件，适当的肥水管理和防除杂草。春夏之交，温度变化较大，应通过覆膜、揭膜调节幼苗生长的环境温度，避免低温冻害和高温灼伤幼苗。生姜幼苗期的肥水管理要“少吃多餐”，重点是保持适宜的温度和湿度，采取人工除草和化学除草的方法，防止杂草蔓延，挤占姜苗的生存空间，促使幼苗健壮生长（图 1-18）。

图 1-18 幼苗期

**3. 旺盛生长期**

生姜自形成三次分枝即“三股杈”至收获为旺盛生长期，为 70 ~ 90

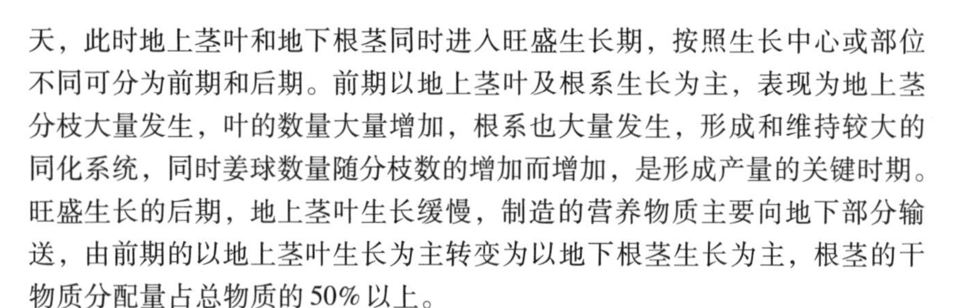

天，此时地上茎叶和地下根茎同时进入旺盛生长期，按照生长中心或部位不同可分为前期和后期。前期以地上茎叶及根系生长为主，表现为地上茎分枝大量发生，叶的数量大量增加，根系也大量发生，形成和维持较大的同化系统，同时姜球数量随分枝数的增加而增加，是形成产量的关键时期。旺盛生长的后期，地上茎叶生长缓慢，制造的营养物质主要向地下部分输送，由前期的以地上茎叶生长为主转变为以地下根茎生长为主，根茎的干物质分配量占总物质的50%以上。

此期的主要工作是加强肥水管理，除草培土，防治病虫，促进形成和维持较大的叶片数及叶面积，提高植株光合能力，防止其后期早衰，延长有效生长时间，最大限度地提高生姜产量（图1-19）。

图1-19　旺盛生长期

**4. 储藏期**

生姜不耐低温霜冻，应在霜降之前收挖，如果收挖太迟，容易遭遇冻害，使生姜品质下降。生姜的储藏，应在适宜的温度和湿度条件下进行，使其保持休眠状态。生姜因储藏的条件和目的不同，储藏的时间也不同，短者几十天，长者可达6个月以上（图1-20）。南方地区的生姜储藏以短期和小规模储藏为主，北方地区的生姜储藏规模较大，时间较长。

此期的主要工作是控温保湿，温度要求保持在10~13℃，近乎饱和（>96%）的空气湿度，使生姜的生理活动变得微弱，尽可能减少生姜养分消耗，避免受到冻害和因失水而萎缩，同时注意防病、防虫。要随时观察生姜储藏状态，发现问题及时处理。

图 1-20　储藏期

第二章

# 生姜的类型和品种

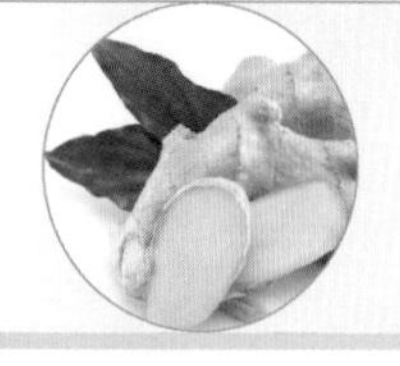

## 一、生姜的类型

**1. 按植物学特性分类**

生姜按植株形态和生长习性，可分为两种类型。

**（1）疏苗型** 植株高大，茎秆粗壮，分枝少，叶色深绿，根茎节少而疏，姜块肥大，多呈单层排列，代表品种有广东疏轮大姜、山东莱芜大姜等。

**（2）密苗型** 植株长势中等，分枝多，叶色绿，根茎节多而密，姜球较多但较小，多呈双层或多层排列，代表品种有广东密轮肉姜、山东莱芜片姜等。

**2. 按用途分类**

生姜按用途可分为食用姜、药用姜和观赏姜等。

**（1）食用姜** 主要包括调味姜和菜用姜，同时，这两类姜也可根据不同需要加工成多种生姜制品，如泡制品、腌制品、糖渍品和酱渍品，或作为食品加工业和酿造业及化工业的原料或配料。

**（2）药用姜** 是以药用为主的品种，如四川犍为黄口姜、湖南黄心姜等。

**（3）观赏姜** 主要分布在南方热带地区，主要品种有纹叶姜、花姜、斑叶荀姜、壮姜、恒春姜等。

**3. 按产品形态分类**

生姜产品分为成熟姜、仔姜和姜芽。成熟的生姜不进行多次培土软化栽培，基本不改变根茎本身的自然生长形态，主要有调味姜和种姜两类，另外，种姜经过栽培后仍然可作调味姜，称为老姜。在南方地区，生姜多采用培土软化栽培方法，生产出修长嫩脆的仔姜，采用大棚覆盖或人工增温方式生产姜芽。

**4. 按肉质颜色分类**

姜农和消费者喜欢按照生姜断面的肉质颜色，把生姜分为白口姜、黄口姜和蓝口姜等。现在多数生姜品种的肉质为白色或黄白色，姜农称为白口姜；肉质为深黄色称为黄口姜；白色略带蓝色的品种很少，姜农称其为蓝口姜，如荣昌蓝口姜等。

## 二、我国的生姜品种

我国生姜栽培历史悠久，种质资源十分丰富，但到目前为止，尚没有发现或者培育出在各地均表现出较强适应性和丰产性的品种。我国大多数生姜品种起源于南方地区，因此南方品种多于北方。各地的主栽品种一般均以本地品种为主，这是因为本地品种在当地具有较强的适应性。适应性包括两个方面，一是对当地的土壤、气候条件的适应性，二是对当地的栽培方式和栽培习惯的适应性。生姜品种的命名方法目前以产地和根茎形状及产品色泽命名较为常见。

**1. 四川竹根姜**

四川竹根姜为四川地方品种。株高在70cm左右，叶色绿。根茎为不规则掌状，嫩姜表皮鳞芽呈紫红色，老姜表皮呈浅黄色，肉质细嫩，纤维少，品质佳。单株根茎重250～500g，亩产2500～3000kg（图2-1）。

图2-1　四川竹根姜

**2. 犍为黄口姜**

犍为黄口姜为四川犍为县地方品种。由于切口颜色偏黄，所以当地人叫它黄口姜，株高50～70cm，叶披针形，呈浅绿色，分枝较少，根茎肥厚，节间距离短小，肉质茎横向生长，一般单株根茎重500～800g，亩产2000kg。该品种淀粉多，纤维素少，水分少，气味辛，外形似握拳状折叠，多用于加工干姜（图2-2）。

图2-2 犍为黄口姜

**3. 遵义大白姜**

遵义大白姜为贵州遵义地方品种。根茎肥大，表皮光滑、姜皮、姜肉皆呈黄白色，富含水分，纤维少，质地脆嫩，辛味淡，品质优良，嫩姜宜炒食或加工糖渍，单株根茎重350～400g，亩产1500～2000kg（图2-3）。

**4. 福建红芽姜**

福建红芽姜为福建地方品种。植株生长势强，分枝多。根茎皮呈浅黄色，芽呈浅红色，肉蜡黄色，纤维少，风味品质佳。单株根茎重可达500g左右，亩产2000kg（图2-4）。

图2-3 遵义大白姜

图2-4 福建红芽姜

**5. 来凤姜**

来凤姜为湖北省来凤县地方品种。因其产品分枝多达二三十个，形如凤凰头，故又称“凤头姜”，以仔姜脆嫩无筋为特点，在生姜品种中独树一帜。该品种植株较矮，根茎呈黄白色，嫩芽处鳞片呈紫红色，姜球表面光滑，肉质脆嫩，纤维少，辛辣味较浓，含水量较高。亩产1500～2000kg（图2-5）。

图2-5　来凤姜

图2-6　铜陵生姜

**6. 铜陵生姜**

铜陵生姜为安徽省铜陵地方品种。该品种生长势强，株高为70～90cm，叶片窄披针形，呈深绿色。嫩芽呈粉红色，鲜姜皮为白略呈黄色，姜块呈佛手状，瓣粗肥厚。姜指饱满，色白鲜嫩汁多，味辣而不呛口，属多功能食用产品。铜陵生姜以块大皮薄、汁多渣少、肉质脆嫩、香味浓郁等为特色而久负盛名。单株根茎重500～600g，亩产2500kg（图2-6）。

**7. 罗平小黄姜**

罗平小黄姜为云南省罗平县地方品种。罗平小黄姜质细、纤维少，含油量高，色泽鲜美，芳香浓郁。素以肥硕、饱满、质细、纤维少、汁丰、色鲜味美的品质著称，亩产1500kg（图2-7）。

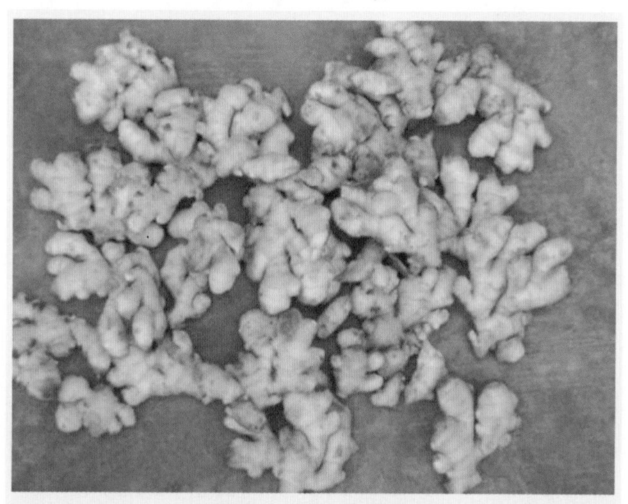

图2-7 罗平小黄姜

**8. 台湾肥姜**

台湾肥姜为台湾地方品种。株高80cm左右，单株分枝有9～13个，根状茎肥大，芽鞘呈粉红色，根状茎呈浅黄色，粗纤维少，辛辣味适中。单株根状茎重550g左右，亩产2000～2500kg（图2-8）。

**9. 山农一号**

山农一号为山东农业大学培育的品种。该品种姜块大且以单片为主，纤维少，肉细而脆，辛辣味适中。地上茎分枝有10～15个，叶色深，上部叶片集中，有效光合面积大。姜根少且壮，姜块大，奶头少而肥，单片为主，耐寒性强，商品性好，丰产性高。亩产5000～6000kg（图2-9）。

图2-8 台湾肥姜

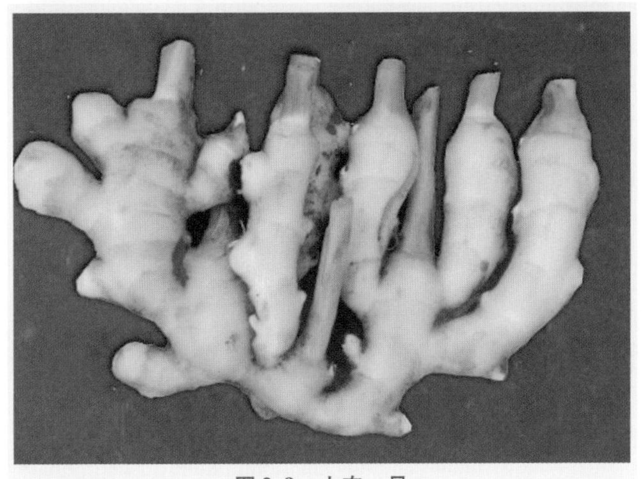

图2-9 山农一号

**10. 莱芜大姜**

莱芜大姜为山东省莱芜市地方品种。该品种植株高大，生长势强，株高90cm左右，叶片大而肥厚，叶长20～25cm，叶宽2.2～3cm，叶色深绿。茎秆粗壮，每株可分生10～12个分枝，属于疏苗型。根茎姜球数较少，姜球肥大，其上节稀而少，多呈单层排列。根茎外形美观，刚收获的鲜姜黄皮、肉黄，经储藏后呈灰土黄色，辛香味浓，辣味较片姜略淡，纤维少，商品质量好，产量高，单株产量约800g。通常每亩产量为3000kg，高产田可达4000～5000kg（图2-10）。

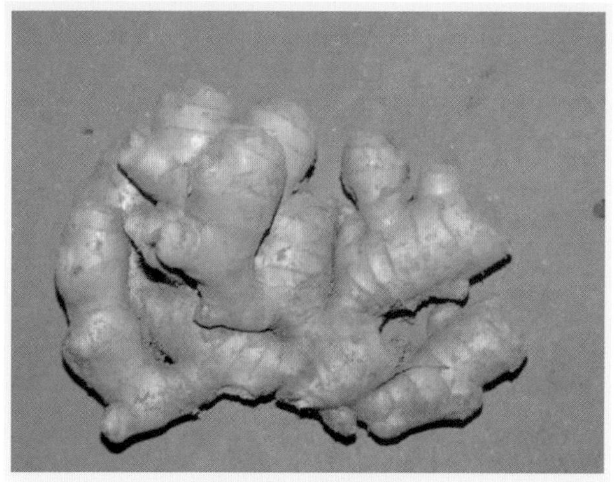

图 2-10　莱芜大姜

第三章

# 生姜播前准备

生姜种植的农事活动大概有1/3是在播种前完成的，因此生姜的播前准备工作非常重要。

## 一、品种选择

选择生姜品种首先应根据当地的种植条件来决定。我国是生姜原产地之一，各地经过长期的人工选择和自然选择，培育和形成了很多生姜地方品种。生姜品种的地域性比较强，目前还很难找到一个在全国各地均表现出较强适应性和丰产性的品种。如果生姜种植经验不足，建议最好先选择本地优良品种，因为本地优良品种在当地有几十年甚至几百年的栽培历史，在本地有较强的适应性，而且本地人对该品种的特性比较了解，种植起来要容易一些。从外地引进新的生姜品种，必须先进行小面积试种，观察其田间表现和市场表现。有些品种田间表现不错，但消费者不喜欢，价格上不去；有些品种在当地很受欢迎，但产量不理想。另外，市场鲜销和用于加工的品种是不一样的，即使都是用于鲜销，姜的大小、色泽、形状、风味等，不同地区的喜好程度也有差异，种植者在品种选择时应加以注意。

## 二、姜种准备

生姜种植者的姜种来源有两种，一是自繁自用，二是外出采购。种植者对自己繁殖的姜种生长过程和田间表现，特别是病虫害发生情况是比较了解的，因此在选择姜种时，应注意选择无病无伤、未遭遇冻害、生长健壮的姜块作姜种。外出采购的姜种有三个方面容易出问题，一是姜种在田间栽培时感染了病害，特别是感染了姜瘟病；二是采收时间晚而遭遇了霜冻，或者在储藏期间由于储藏条件差，管理不善遭遇了冻害；三是姜种生产者为了提高产量，在生产过程中使用了赤霉素、膨大素等叶面喷施剂，致使姜种抗病力大幅度降低。

为了杜绝上述情况发生，如果姜种采购数量大，种植者应亲自前往姜种生产地，选择叶色正常，生长一致，没有姜瘟病和其他病害、没有使用

过赤霉素、膨大素等生物制剂的姜田作为姜种采购点，并现场监督收挖。收挖后要再次查看姜种是否有姜瘟病和其他问题，然后将姜种运回，自行储藏。如果采购数量较少，应委托有经验和讲信用的商贩采购，在交接时还应仔细观察姜种的外观和内质，选择无病、无伤且未受冻害的姜种，不可疏忽大意（图 3-1 ~ 图 3-4）。

图 3-1　选择叶色正常，生长一致的姜田作为姜种采购点

图 3-2　外观呈水渍状的不可作姜种

图 3-3　患姜瘟病生姜的切面

图 3-4　无病生姜的切面

## 三、土地选择

生姜对土地的适应性较强，无论在沙土、沙壤土或黏土中均能正常生长，但是生姜在这三类土壤的栽培方法不尽相同，栽培出来的生姜风味也不大一样。黏土的保肥保水能力强，生姜产品的风味浓郁，脆嫩，但开沟、培土和收挖产品等农事操作费工费时，消耗的劳动力较多。反之，沙土种植生姜，开沟、培土和收挖产品都比较方便，但保肥保水能力相对较弱，而且生姜产品的风味较淡，纤维较多。规模化种植生姜最好是选择沙壤土。生姜的经济价值较高，因此应选择“好田好土”种植，有利于获得较高的经济效益。所谓“好田好土”就是土层深厚、土质疏松肥沃、有机质丰富、通透性良好和便于排水的沙壤田或沙壤土。需要特别指出的是，凡是上年种植过生姜的田土最好不要连作，以免导致姜瘟病发生或其他病虫加重为害。同时，上年种植过辣椒、茄子、番茄、烟叶、洋芋等作物的田块或地块，均有可能在土壤中遗留下青枯病菌，因此也应尽量避免种植生姜。

【提示】 在生姜种植面积大的地区，最好是选择生姜与粮油作物轮作。例如，稻姜轮作可以有效地防止或减轻姜瘟病及其他病虫害的发生。在选择土地时，还要尽量避免在易于发生涝害的低洼地，因为生姜对涝害没有任何抵抗能力。

## 四、深翻土地

生姜种植的土地分为稻田和旱地两类，为了防止和减少病虫为害，最好采用稻姜轮作的种植模式。与旱地相比，稻田土地整理需要更多的时间和用工。为了尽快排干稻田积水，应在 8 月上、中旬水稻散籽之后放水晒田，水稻收割后再开深沟排水除湿。秋收后，待田间无积水，田泥不粘锄时进行田间翻挖。挖田深度应达到 40cm 以上，每锄到底，深浅一致。深耕可以促进雨水下渗，有效防止田间积水。在四川姜区，姜农采用一种平铲来进行田间翻挖，其深度符合要求，翻挖的速度比锄头快，而且效果好。稻田土壤黏性较大，容易导致土壤板结，可收集或收购部分细碎农作物秸秆、粗糠、食用菌培养基料等农业副产物撒在土壤表面，再行耕整。每亩用细碎的农业副产物 1000～2000kg，可有效改善土壤的理化性状，提高生姜产量和品质。

稻田土地整理尽管费工费时，但稻姜轮作可以有效减少病虫害，而且稻田土壤保水保肥能力较强，生姜产量和品质较高，因此即使费工费时也是值得的。人工翻挖劳动强度大，在有条件的地方，最好采用机械翻耕。大部分稻姜轮作的田块，采用微耕机不大适宜，因为田间湿度大，泥块黏重，微耕机的深度不够，因此宜采用中型或大型拖拉机进行深耕和土地平整。旱地土质较为疏松，可以采用锄头或微耕机进行耕整，但同样要注意保持 40cm 以上的翻挖深度，以保证生姜根茎的正常生长（图 3-5 和图 3-6）。

图3-5　中型拖拉机耕整姜田的深度大，质量好

图3-6　微耕机适宜用于旱地姜田的耕整

## 五、施足底肥

生姜喜肥耐肥，在一定的限度内，均衡施肥量越大，其生姜产量越高。同时，大量施用经过腐熟的农家肥，还可以有效抑制土壤中病原菌的繁殖和蔓延。在稻田和旱地翻耕或翻挖后，每亩施入腐熟农家肥3000～4000kg、复合肥50kg＋硫酸钾或氯化钾10kg（或氮肥20～30kg、磷肥10～

20kg、钾肥 25～35kg）、油枯 30～50kg、硫酸锌 1～2kg、硼砂 1kg。复合肥中的氮和钾的养分基本相当，而生姜对钾肥的需求量超过氮素，因此钾肥的施用量应高于氮肥施用量的 20%。磷肥在土壤中移动性差，因此只适宜作底肥，不宜作追肥。有些种植者认为大量施用农家肥费工、费时，不如单施化肥简单方便，这种认识是不对的。因为农家肥的营养元素比化肥更全面、更丰富，而且大量施用农家肥可以降低生产成本，改良土壤，实现养分的持续均衡供给。增施有机肥还有一个明显的好处，就是可以有效改善土壤的微生物生态环境条件，通过增大有益微生物和无害微生物的种群数量，抑制姜瘟病和其他病害的发生和蔓延。在这里我们必须强调，农家肥必须进行腐熟。经过腐熟的农家肥，不仅可以使生姜有效利用其养分，同时腐熟可有效杀灭和减少农家肥中的病原菌。现在很多生姜种植基地病害严重，与施用没有腐熟的农家肥有直接关系。

农家肥腐熟的方式有两种，一是利用沼气池处理，二是进行堆沤处理。目前农村劳动力较为缺乏，大量施用农家肥可能会面临劳动力不足或者其他问题，如果实在是无法大量施用农家肥，可以考虑购买生物有机肥和生姜专用复合肥。底肥适宜全层施肥。在翻挖或翻耕前，先施肥，再进行土地耕整（图 3-7）。

**图 3-7　整地前，在土壤表面施农家肥**

## 六、开沟防涝

生姜是十分“娇气”的蔬菜作物，其根系不发达，既不耐旱，更不耐涝。夏秋季节雨水较多，而且分布很不均匀。湿润的土壤条件是生姜高产的基本条件之一，但与干旱相比，涝害对生姜植株的危害更大，不仅造成减产，甚至造成绝收。

不论是平原地区、山区还是丘陵地区，只要生姜种植的田土是水平的，就必须在田土的周围开挖排水沟。平原地区应深挖排水沟，在丘陵和山区也要深挖排水沟。如果不在姜田周围开挖排水沟，雨水和地表径流就会形成涝害，最终造成严重损失。因大雨和水灾很难预料，种植者不要有侥幸心理，需事先挖好排水沟，建立田间排水系统，可以做到有备无患。经考察，凡是事先做好了排涝工程的，都可以保证生姜有相当的收益。凡是不讲科学，靠运气吃饭的，最终都吃了大亏。生姜种植的成本较高，种植者一定不要掉以轻心。

缓坡地种植生姜不易积水，可以不挖或浅挖排水沟；平坝地及梯田梯土栽培的排水沟必须要有相当的深度，要求姜田围边的排沟深度为60～80cm，畦沟为35～50cm，以确保大到暴雨形成的地表雨水能够及时排走（图3-8～图3-10）。

图3-8 姜田四周需要深挖排水沟，防止发生涝害

图 3-9　梯土栽培需要深挖排水沟

图 3-10　深挖中心沟，保障排水通畅

## 七、土壤消毒

前茬是粮食作物的田土，可不做消毒处理；前茬是菜地或姜地，则应进行土壤消毒。这里介绍三种土壤消毒方法，前两种是简单消毒方法，后一种消毒效果非常好，但成本较高。

**（1）撒施石灰**　石灰（碳酸钙）具有较强的消毒作用，使用简便，成本较低。在翻挖和机械耕整之前，在土表撒施石灰 80 ~ 100kg/亩。石灰消毒应注意两个问题，一是不要将石灰与粪肥混合使用。石灰是碱性物质，它与粪肥中的腐殖酸发生反应，不仅降低了粪肥的肥效，还会降低石灰的杀菌效果。正确的做法是先将石灰深翻入土，间隔 3～4 天后再将粪肥施入，这样可以减少石灰与粪肥的接触，防止降低杀菌效果及肥效。二是根据土壤酸碱度（pH）确定石灰施用量。石灰具有杀菌效果，但如果施用量过大，容易导致土壤碱性化，使在中性及酸性条件下容易被生姜植株吸收利用的磷、锌、镁、铁、硼等元素被固定，影响生姜根系对这些矿质元素的吸收，导致生姜生长不良。姜农在使用石灰消毒时应该先测一下土壤的 pH，如果土壤的 pH 超过 7.5，那就不能再用石灰进行消毒，如果土壤 pH 不到 7.0，则可按每亩不超过 100kg 的量使用，以防土壤 pH 过高，影响某些矿质元素的吸收。

**（2）撒施黑白灰**　即草木灰（黑灰）和石灰（白灰）。草木灰不仅对土壤中的病原菌有一定的杀灭作用，而且是钾肥的来源之一。要求每亩用草木灰 50～100kg 和石灰 50～100kg，先分别在土壤表面撒施黑灰和白灰，然后进行耕整，使黑白灰与土壤充分混合。

**（3）棉隆土壤微粒剂**　棉隆土壤微粒剂属低毒高效土壤熏蒸消毒剂，具有杀菌、杀虫、杀草等多重功效，在土壤中无残留。使用时土壤温度应高于 12℃，土壤湿度大于 40%。在潮湿的土壤中施用时，微粒剂会在土壤中分解扩散至土壤颗粒间，可有效地杀灭土壤中各种线虫、病原菌、地下害虫及萌发的杂草种子等。施用的方法是先进行翻耕整地，每亩用 98% 的棉隆土壤微粒剂 20～30kg 进行撒施，再及时用旋耕机或中型拖拉机进行耕整，使其与土壤充分混合，然后用塑料薄膜覆盖密封 20 天以上（图 3-11），

图 3-11　施药耕整后用塑料薄膜覆盖

揭膜敞气15天后再行播种。棉隆的成本较高，但对生姜重茬地，特别是对姜瘟病较为严重的田土有明显的防治效果。

## 八、姜种处理

在确定大田播种时间后，应提前做好姜种处理。姜种播前处理包括3个环节，一是晒种，二是浸种或拌种，三是催芽。根据生姜高产地区的经验和低产地区的教训，姜种处理特别是播前催芽是生姜稳产、高产的重要环节，种植者必须予以重视，不可省略。

**1. 晒种**

晒种是种子处理的首要环节。姜种经过数月的低温储藏后，多数情况下尚处在休眠状态（南方温度回升较快的地区例外）。晒种除了可以提高姜种温度，加快姜种内部生理活动，同时还可以杀灭姜种上的部分病菌，减少虫害。在晾晒过程中，剔除腐烂、干缩、带病、带伤的姜种，选用肥大饱满、色泽光亮、无病无伤的合格姜种，然后将姜种掰成50g左右的小块。姜种断面沾草木灰以消毒杀菌，防止姜种感病腐烂（图3-12）。

图3-12　播前晒种促芽防病

**2. 浸种或拌种**

生姜浸种或拌种大致有以下3个目的。

**（1）浸种防病**　生姜的种传病害主要有细菌性病害和真菌性病害。防治细菌性病害（姜瘟病）可采用1%波尔多液浸种20min，或用福尔马林100倍液浸种10min，或用72%农用硫酸链霉素可溶性粉剂1000倍液浸种30min；防治真菌性病害可用50%多菌灵可湿性粉剂1000倍液浸种2h，或用1%石灰水浸种30min。这些消毒方法对于预防病害的发生有一定作用。

**（2）拌种驱虫**　用60%的吡虫啉悬浮种衣剂30mL兑水1.5kg均匀喷施在姜种上，晾干后再播种，可有效地驱除地下害虫的为害。

**（3）浸种催芽**　一是乙烯利浸种。使用200~400mg/L乙烯利浸种15min，有明显促进生姜萌芽的作用，表现为发芽速度快，出苗率高，每块种姜上的萌芽数增多，由每个种块上1个芽增到2~3个芽。采用乙烯利浸种，还具有明显的增产效应，一般可增产20%~30%。用乙烯利浸种应严格按照浓度要求配置，不能超量，否则容易导致植株矮小、早衰，反而影响后期产量。二是沼液浸种，用20%~40%的沼液浸种15min，充分利用沼液中的各种活性、抗性、营养性物质杀菌灭虫，增强姜种生理活性，促进姜芽萌发（图3-13）。

图3-13　播前浸种消毒

**3. 催芽**

**（1）姜种催芽的好处**　姜种催芽有两个好处，一是可以早出苗，早生长，早上市；二是可以延长在适宜温度条件下的生长时间，从而提高产量。现在不论是老姜区还是新姜区都有相当一部分人不催芽，使出苗时期推迟30~40天，影响产量和上市时间，最后的效益不理想。他们不催芽的原因各式各样，一类是没有认识到催芽的重要性，另一类是不懂具体催芽技术，担心催芽会损坏姜种。其实，从目前生姜生产的现状来看，姜种催芽是实现生姜稳产、高产的重要措施。

**（2）姜种催芽的基本要求**　姜种催芽的方式有很多，但不论采用哪种方式，要求的适宜温度应为22～25℃，在此温度范围内，有利于培育出钝圆肥壮、色泽鲜亮的短壮芽（图3-14）。催芽的时间需要25～40天。催芽温度不宜过高，姜种长时间处在28℃以上，催出来的幼芽瘦弱细长，姜苗素质差，对后期产量有一定影响，但温度低于20℃，则催芽的时间延长，大田播种的时间将被推迟。催芽床内要放置1～2只温度计，随时观察催芽的温度变化动态，并根据情况及时采取保温或降温措施，确保催芽质量。

**图3-14　在适宜温度条件下催出的短壮芽**

姜芽催出后，要适时起出。每块姜种保留1个壮芽，少数姜块也可以保留2个壮芽，其余幼芽全部掰除。壮芽的外观标准是芽身粗短，顶部钝圆。由于生姜催芽条件差异很大，目前催芽的主要问题是催芽进程缓慢，效果不佳。因此，催芽的第一目标是适时催出姜芽，第二目标是催出符合栽培要求的短壮芽。

在催芽过程中，同一批姜种有可能出芽时间不一致，姜芽有长有短，种植者应在全部姜种出芽后开始移栽。在生产上容许有长姜芽，但不容许有未现姜芽的“哑巴”种。这是因为“哑巴”种离开温润适宜的苗床直接移栽到大田后，因环境改变，其出芽时间有可能推迟较长一段时间，造成大田生长不一致，最终影响产量。

在条件具备的情况下，催出短壮芽后应及时移栽。有些姜农对移栽时间不够重视，等到姜芽很长以后才进行移栽，这对后期栽培是不利的。首先，长姜芽会消耗姜种的养分，造成幼芽生长养分供给不足，苗小苗弱。

其次，长姜芽在搬运和移栽过程中容易折断，造成损失。最后，长芽姜种移栽后的适应性不及短壮芽姜种，长姜芽的耐寒性和耐旱性较差，一旦遭遇干旱或低温寒潮，就容易造成生长停滞，甚至死芽死苗。

**（3）姜种催芽的方法**

1）火温催芽。在密闭的塑料大棚的一端设置1～2个煤灶，煤灶的烟道贯穿整个大棚，烟道尾部设置烟囱。用木柴、煤炭等燃烧产生的热能提高棚内温度。一般是白天烧火，晚上利用余火保温。通过火力大小和烧火时间来调节棚内温度，使棚内白天温度保持在25℃左右，夜间保持在16℃以上。注意不要升温过快过猛，以免温度过高影响姜芽质量，甚至对姜种造成损伤。催芽过程中每2～3天翻动1次姜种，或挪动姜种的位置，使其受热均匀。当催芽30天左右姜芽长到花生仁大小时，即可取出播种（图3-15）。

图3-15 大棚煤灶火温催芽

2）牛粪催芽。选一背风向阳地势较低的地块，在上面铺10cm厚的稻草，稻草上均匀覆盖5cm细碎的干牛粪，然后将姜种依次排放在牛粪上。排放的姜种不宜太厚，1～2层为宜。排放姜种时芽眼朝上，然后覆盖5cm的细碎牛粪，再充分淋水，再搭建塑料小拱棚或覆盖稻草保温保湿。20～25天姜种就开始发芽，30天左右即可进行大田播种。搭建塑料小拱棚的增温效果很好，但当气温较高时，棚内温度增高较快，如果管理不当，容易烧芽，且姜芽质量不好，因此，牛粪覆膜催芽应加强温度管理。发现膜内温度超过30℃时，应及时揭膜降温。对于面积较小的生姜种植户，赶早市的经济意义不大，经常去揭膜盖膜比较麻烦，为了节约劳动力，可以不搭建塑料拱棚，也不需覆盖地膜，只覆盖一层稻草即可。虽然不覆盖薄膜的出芽时间要推迟5～10天，但催芽的温度较稳定，催芽的质量也较好（图3-16～图3-18）。

图 3-16　牛粪可满足姜种发芽的温、湿度条件

图 3-17　用牛粪稻草覆盖以保温催芽

3）青料催芽。在室外干燥、无地下水的地里挖 1.5m 宽、1m 深、长度不限的地坑，地坑底部铺 20～30cm 厚的青草，或蔬菜残次叶，或其他切碎了的新鲜农作物秸秆，并用脚踏实，然后在上面摆放姜种，再铺发热发酵的鲜料，并用手压紧压实，但不可再用脚踩踏，以免踩伤姜种，最后覆盖塑料薄膜保温、增温。青草等新鲜材料发酵后堆内温度逐步增高。如果堆内温度升至 30℃，应及时揭膜通风降温；如果揭开薄膜后温度仍然保持在 30℃以上，可用喷雾器喷水降温，或直接淋水降温，使堆内温度保持在 20～30℃，经 30 天左右姜种即可形成短壮芽（图 3-19）。

图 3-18　牛粪酿热催出的姜芽

图 3-19　青料催芽

4）冷床催芽。冷床催芽是借鉴了蔬菜冷床育苗的方式，不加酿热物，只借助塑料拱棚增温保温作用的一种催芽方法。这种方法虽然比酿热物催芽的时间要长一些，但操作简单，而且催出的短壮芽比例高，质量好。冷床催芽的苗床低于走道 20cm，便于苗床保温增温。苗床欠细整平后，要饱灌一次清粪水，待粪水被床土充分吸收后再行播种。要求姜种依次排放，平放或竖放均可。放种后用过筛的细土覆盖 10cm，再用漏瓢浇水，也可以用遮阳网覆盖后用水管淋水，但是不能直接用水管浇淋，不然会形成很多凸凹不平的泥肉。浇水后在苗床地表面覆盖一层地膜，再在其上搭建小拱棚或塑料大棚，以保温促芽。姜种出芽后，要注意观察棚内温度，发现棚内温度高于30℃应及时揭膜降温，并在夜间继续盖上薄膜，避免冻害（图3-20和图3-21）。

图3-20　冷床细土中的姜种

图3-21　冷床催出的短壮姜芽

5）大棚堆码催芽。开春以后，温度回升很快，可以利用密闭大棚的增温作用将姜种装入塑料网袋中，堆码高度为1m左右，先在姜种上大量浇水，再用草帘和毛毡覆盖增温。在30天即可催出短壮芽（图3-22和图3-23）。

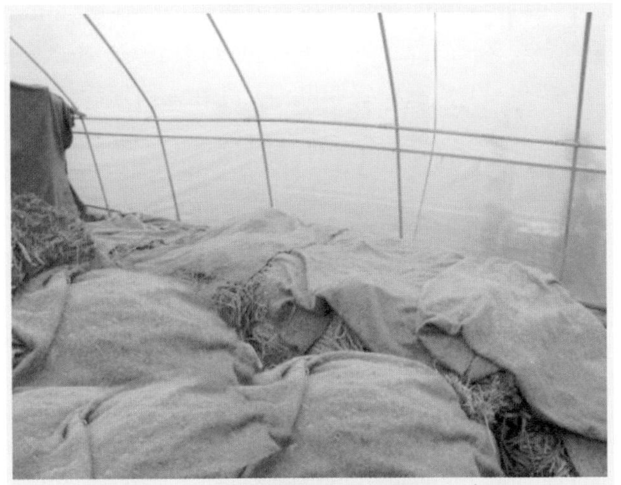

图 3-22 大棚堆码催芽要尽量覆盖较多的覆盖物以保温催芽

图 3-23 大棚堆码催芽 30 天后开始露出短壮芽

第四章

# 生姜露地栽培

露地栽培是生姜栽培的主要方式。生姜露地栽培看起来比较简单，但其技术含量很高，采用不同的栽培方法其产量、品质和效益有很大差异。要获得较好的经济效益，必须掌握科学合理的生姜栽培技术，认真落实各个关键技术环节，为实现高产高效奠定基础（图4-1）。

图4-1　生姜露地栽培

## 一、大田栽培

### 1. 播期安排

生姜起源于热带和亚热带森林地区，经过长期、系统的发育形成了喜温暖、不耐寒的特性，因此应将生姜的整个生长期安排在温暖无霜的季节。生姜幼芽在16℃时可以萌发，但最适宜的萌芽温度是20～28℃。春季气温回升较慢，如果等到气温达到20℃以上再播种时间就太晚了，因此将播期安排在地温稳定在16℃以上即开始播种，然后通过人工措施改善其温度条件，促其茎叶早生快发。露地栽培生姜的播期不宜过早和过晚。播期过早温度不稳定，低温冻害容易烂种。如果播期过晚，则在适宜温度条件下的生长期缩短，产量受影响。播期安排还要考虑大田栽培的条件，土质黏重

的田土温度回升较慢，应考虑适当推迟播期，而土质较轻的沙土或沙壤土的温度回升较快，可适当早播。大田栽培覆盖地膜的可适当早播，不覆盖地膜的播期应适当推迟。

**2. 栽培方式**

生姜栽培可分为开沟栽培、撬窝栽培和挖窝栽培3种方式：

**（1）开沟栽培** 开沟栽培是一种以生产菜用嫩姜为目的的软化栽培方式，所谓软化栽培，就是采用开沟培土等技术手段，人为促使生姜地下茎变长、变脆嫩的栽培方式。开沟栽培是采用范围最广泛、历史最悠久的生姜栽培方式。由于生姜的根系不发达，如果任其自然生长而不为其创造疏松、湿润、黑暗的土壤环境条件，那么生姜地下茎就不容易甚至不可能形成修长脆嫩的外观和内在品质。开沟培土的目的就是为地下茎的生长创造有利条件，不仅可以改善生姜的外形和内质，而且也是有效的增产措施。开沟的沟距为46～50cm，沟底宽为13～15cm，埂底宽为33～35cm，株距为18～22cm，也可将沟底加宽，进行双行密植。出苗后培土2～3次，最后姜沟成为姜垄，原来的姜埂成为姜沟。人工开沟（图4-2）的速度较慢，而且劳动强度较大，可使用开沟机开沟。机械开沟（图4-3）的速度快，效果好，值得在生姜种植集中的产区推广。开沟后，可采用单行单株栽培（图4-4）和单行双株栽培（图4-5）两种栽培方式。

图4-2 人工开沟

图 4-3　机械开沟

图 4-4　单行单株栽培

图 4-5　单行双株栽培

图4-6　生姜专用撬窝器（高度为38cm，直径为10cm）

**（2）撬窝栽培**　撬窝栽培也是软化栽培方式，主要在土壤较为黏重、窝穴易于成形的稻田中实行（图4-6和图4-7）。撬窝栽培方式与开沟培土栽培相比，种植密度更大，生姜姜指更细长，产量和品质更高、更好。撬窝可采用专用手工工具撬窝，也可以采用开穴机械（油钻）进行机械打窝。用人工撬窝工具时，一般一个劳动力一天可撬窝1500个左右，速度较慢，需要的时间较长；采用油钻机则速度明显加快，一个劳动力一天可撬窝2亩以上，因此，规模种植户最好投资购置油钻机，以加快撬窝进度，提高劳动效率。撬窝深度

图4-7　使用撬窝器撬窝

为35～38cm，窝径为10cm，呈圆形，上下大小一致。撬窝在姜田的排布有两种方式。一种是顺行撬窝，按行距40～50cm，窝距10cm，依次撬窝，以每亩9000～10000窝为宜。撬窝时，把撬出的土横放，并用脚踩紧，如土壤较干燥易松散踩不紧，可在前一天晚上适量浇水，使土壤上实下松，并使土埂中间高两边低，以利于培土操作。姜窝撬好后盖严地膜，保持土壤湿润，提高地温，等待播种。另一种是等距离撬窝，姜农称为“满天星”，前后左右的窝距均为25cm，实行错窝撬窝，形成蜂窝状，每亩9000～10000窝，厢沟高40cm以上，要求窝穴深度在38cm以上，以后可不培土（图4-8和图4-9）。

图4-8　顺行撬窝

图4-9　等距离撬窝

**（3）挖窝栽培**　这种栽培方式主要用于生产种姜或加工用姜，有些地区的菜用嫩姜也采用挖窝栽培的方式。因种姜和加工姜不需要多次培土，故劳动力消耗较少，且收挖也比较方便，但是此方法生产的生姜产量较低、姜指短、纤维素含量较高。因此，如果挖窝栽培用于生产菜用嫩姜，则需要进行多次培土，使地下茎修长脆嫩，从而提高生姜品质和产量（图4-10）。

图4-10　挖窝栽培

**3. 播种密度**

生姜种植密度主要取决于品种特性、土壤肥力和施肥水平等因素。生姜按植物学特征可分为疏苗型和密苗型两种。疏苗型品种长势旺盛，姜块肥大，单位面积用种量较多，但密度不宜太大；密苗型品种植株长势中等，茎节多而密，姜块较小，单位面积用种量较少，种植密度比前者要大些。开沟栽培的种植密度以6500～8000株/亩为宜，在这个密度范围内，疏苗型品种的种植密度应稀些，密苗型品种种植密度应适当密些；土壤肥沃的姜田种植密度应适当稀些，一般性土壤的姜田种植密度应适当密些；施肥水平高的姜田种植密度应适当稀些，施肥水平较低的应适当密些。如果采用撬窝栽培，则密度可达到10000株/亩。生姜的播种量受姜块大小和种植密度的影响，“娘壮儿肥”，要获得高产必须选用肥大饱满的姜种，种块大则用种量会相应增多。高产田块要求每亩400～600kg，一般地块或新发展姜区，用种量可略少，但不能低于每亩300kg。生产上只要条件具备，应尽量用大的姜块作种，有利于获得高产。当用种量多时，虽当时投资高些，但姜种可回收，故消耗性投入并不大。

**4. 播种方法**

由于栽培方式不同，其播种方法也不同，在此分别介绍。

**（1）开沟播种**　开沟栽培的播种有多种方式，根据水肥准备情况和种植习惯，可因地制宜采用。

1）湿播。在播种之前饱灌1次清粪水，待土壤充分吸收粪水后再行播种，播种后再覆盖3～5cm的细土，然后再淋粪水或清水。经播种前后2次充分淋水，可使种姜出苗早，出苗齐。这种方法多为劳动力较为充分的姜农采用。

2）干播，在播种之前不浇水，先向姜沟内撒施少量化肥和干粪，覆盖2～3cm的细土，然后再行播种。播后覆盖3～5cm细土，再淋粪水或清水。干播的优点在于播前不浇水，便于规模化放种，可节约部分劳动力，缺点是1次淋水不容易淋透，这种方法多见于规模种植生姜的大户。开沟的行距为50cm，株距为15～20cm。为了便于田间管理，播种的姜种应平放于沟底，姜芽朝向一致（图4-11和图4-12）。

图4-11　先施水肥再播种（湿播）

图4-12　先播种后施水肥（干播）

**（2）撬窝播种**　用专用撬窝器或开穴机械撬窝，然后放姜种。由于撬窝的深度大，因此放种要注意轻拿轻放，直接将姜种置于洞底，不能从洞口扔下去，不然容易折断姜芽（图4-13）。1穴1块姜种，不要多放，多放种会导致生姜后期生长拥挤，影响品质。播后覆盖2～3cm的细土，然后再撒干牛粪或干羊粪等农家肥。细土应选择未种植过生姜的土壤，过筛后使用，或选择未种植过任何作物的岩石风化土作覆盖用土。如果姜田墒情好，播后可以不浇水；如果墒情差，则应淋清粪水，促其发芽出苗（图4-14）。

图4-13　将姜种放入窝穴，注意不要弄伤姜芽

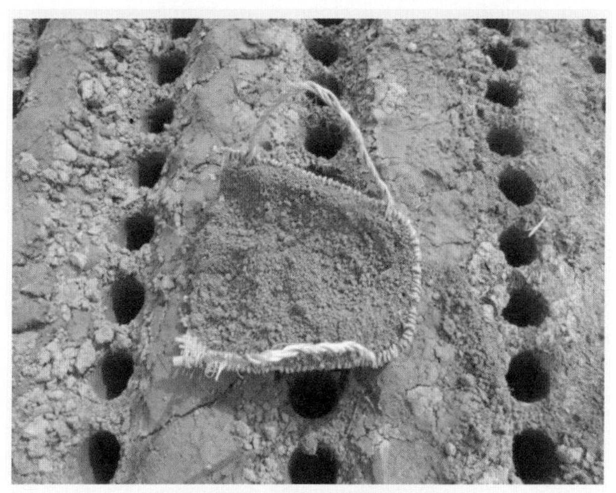

图4-14　用细土覆盖姜种

**（3）挖窝播种** 挖窝播种比较简单，与播种红薯种相似。做2m宽的平畦，开窝播种的行距为40cm，株距为25cm。将种姜平放于穴内，然后覆土，最后充分浇淋清粪水（图4-15）。

图4-15 挖窝播种后充分施用肥水

**5. 芽前除草**

春季气温逐步增高，降雨量增大，有利于杂草生长。杂草与姜苗争光、争肥，影响姜苗正常生长，如果控草不力，除草将是生姜生长前期用工最多的农事活动。采用人工拔草的方法对小面积姜田是可行的，但面积较大的姜田必须采取芽前化学除草的方法，才能有效抑制杂草的蔓延。芽前化学除草是指在杂草出芽之前进行喷药防治的一种除草方法，在作物播种后，出苗前用药，利用除草剂固着在表土层1～2cm，不向深层淋溶的特性，杀死或抑制表土层的杂草种子。姜种因有覆土层保护，故可正常发芽生长。具体方法是在生姜播种后覆土，并浇淋粪水或清水，然后在覆土表面上喷施除草剂。需要注意的是，播种后及时喷施芽前除草剂最为安全，如果时间拖得太久，姜芽已部分出土，喷施除草剂就有可能对姜种造成药害。除草剂可选用50%的乙草胺80～100mL/亩，或45%的二甲戊灵微胶囊剂80～100mL/亩，兑水30～45kg，均匀喷雾（图4-16）。

**6. 播后覆盖**

**（1）地面覆膜** 地膜覆盖的栽培方法具有保温保湿和抑制杂草的多重作用，尽管增加了少量成本和工时，但其增产增效的作用是很明显的（图4-17）。

由于覆盖地膜有保温、保湿的作用，比不盖地膜的姜田早出苗8～15

图 4-16 芽前喷药除草

图 4-17 地膜覆盖可以保温保湿和抑制杂草

天，从而使姜的生长期得以延长，株高、茎粗增加，单株分枝数增多，单株叶面积增大，后期产量明显提高。另外，覆盖地膜还可抑制杂草生长，减少生姜幼苗期拔草的麻烦，减少生长旺盛期的除草次数，省工省力，降低除草成本。与白色地膜相比，黑色地膜的遮光效果更好，对杂草的抑制作用更强。现在市面上销售的黑色地膜有新料和再生料两种。再生料黑膜的田间使用寿命很短，日晒雨淋后容易开裂，达不到保湿增温和抑制杂草的目的，因此种植者应购买新料生产的黑色地膜。在覆膜后，如果春季气温持续回升，则姜种可能会遭遇高温为害，导致姜芽受损，姜种干瘪甚至坏死。此时应及时淋水，降低地温，或揭开薄膜，降低地表温度。在夜间要及时覆膜，继续保温保湿。待多数姜苗长出后，及时打孔引苗出膜，或撤除全部地膜。

**（2）地面覆草** 覆盖地膜简单方便，但其温度的稳定性不及覆盖谷草、麦草或山草。覆草比较麻烦，收集或采购较为费工费时，但是覆草的优越性非常明显。一是温度较为稳定。当春末温度回升快时，草可以遮阴、吸热和散热。二是覆草保温的同时可以保湿，覆盖草后一直可以不挪动，具有保温和保湿的双重效果。三是覆盖草对杂草有明显的抑制作用，可以使杂草生长蔓延的时间推迟 15 天以上，而且在培土起垄时也不麻烦，将培土直接压在覆盖的草上即可。四是覆盖草不会对土壤造成污染，有利于保护土壤环境。根据姜农反映，覆盖草后，姜苗更粗壮，后期产量也更高。覆草的方法：开沟栽培的可用谷草、麦草或山草顺沟覆盖；挖窝栽培的可顺行覆盖；撬窝栽培的可用经过截断或粉碎的秸秆覆盖，也可用粗糠或锯木粉覆盖。上述三种栽培方式的覆盖厚度为 3～4cm（图 4-18 和图 4-19）。

**图 4-18 谷草覆盖**

**（3）覆盖小拱棚** 春季温度较低，覆盖地膜或谷草等物可以在一定程度上提高姜苗生长的环境温度。此外，我们还可以在劳动力和资金周转条件具备的前提下，进一步采用覆盖小拱棚的方法，提高和稳定姜种和姜苗生长环境的温度，不仅促其早出苗，快出苗，而且可以进一步提高产量和效益。

图 4-19　杂草覆盖

小拱棚早期覆盖可以提高早期生长的生姜产量，覆盖小拱棚的生姜茎秆粗壮，单株和总产量都远高于露地栽培，可增产 20% ~30% 。尽管覆盖小拱棚较为麻烦，但其效益可观。小拱棚覆盖栽培与前面介绍的盖膜和盖草并不矛盾，可以同时进行。采用地膜覆盖的，在姜芽出土后，要及时拆去地膜，保留小拱棚。采用覆草栽培的，姜芽出土后仍然保持谷草等物的覆盖状态，任其穿过覆盖的稻草生长，保留小拱棚。小拱棚覆盖要注意观察棚内的温度，如果温、光条件好，则棚内温度回升快。当达到 28℃ 以上时，要及时揭开小拱棚两端或中间进行通风降温，避免高温灼伤姜芽或姜苗。5 月中旬，棚外平均气温稳定在 22℃ 时，可以全部拆除小拱棚，以便于进行田间管理（图 4-20）。

**7. 安装供水设施**

生姜的整个生育期都离不开水，保持土壤的适宜湿度是生姜高产稳产的基本条件。如果生姜种植面积不大，或者劳动力比较充裕，可采用人工浇灌的方式补充土壤水分；但是在规模化种植生姜的地区，当种植户种了几十亩，甚至几百亩生姜时，由于面积大，劳动力成本高，安装简易的滴灌、微喷灌系统就很有必要了。在生姜种植过程中安装滴灌、微喷灌等设施，尽管增加了购置成本，但由于具有省工、节水、增产、增效的优点，因此越来越为姜农所接受。简易微喷灌、滴灌系统由水源、水泵、输水管道及喷头组成。各种符合农田灌溉水质要求的水源，只要含沙量小及杂质少，均可用于滴灌、微喷灌，含沙量较大时则不宜采用（图 4-21）。

图4-20 小拱棚覆盖增温栽培

图4-21 规模化姜田滴灌

## 二、田间管理

### 1. 追肥管理

生姜属于喜肥耐肥的作物，在一定肥力的范围内，施肥水平与生姜产量成正相关。生姜生长期较长，需肥量大，因此除了施足基肥外，还应进行分期追肥，以满足生姜生长对养分的要求。生姜的根系不发达，在土壤中吸收养分的能力不强，特别是苗期的需肥量不大，但在形成3个分枝之后，肥水需求量逐步增加。肥水管理分为3个阶段：第一阶段是提苗肥，即在姜苗齐苗后，每亩施硫酸铵或尿素5～10kg，兑清水或清粪水500～800kg施入；第二阶段是壮苗肥，在生姜出现3个以上分枝以后，需肥量增加，每亩施肥总量为尿素20kg，硫酸钾5kg，腐熟菜籽饼肥10kg，兑清水或清粪水500～800kg施入；第三阶段是追施壮姜肥，当姜苗具有5个以上分枝时，是根茎迅速膨大时期，每亩施肥总量为硫酸钾10kg、尿素20kg，分2次施入。每次兑清水或清粪水500～800kg。

图4-22　播种前撒施锌肥和硼肥

图4-23　叶面喷施微肥

### 2. 补充微肥

在生姜生长期间，除了需要氮、磷、钾等大量元素以外，还有很多微量元素是不可缺少的。对于缺锌、硼的田块，适当增施锌、硼等微量元素含量高的肥料，对提高根茎产量有明显效果。锌肥和硼肥不仅可以作基肥施用，还可以采取叶面喷施的方法进行补充。锌肥用作基肥时，每亩用1～2kg硫酸锌，与细土或有机肥均匀混合，播种时施在播种沟内（图4-22）。如作叶面喷施，用0.1%硫酸锌溶液，可分别于幼苗期和根茎膨大期喷施，共喷2～3次。在施硼元素基肥时，每亩可用硼砂0.5～1kg，施入播种沟，与土均匀混合。叶面喷施硼肥时常用浓度为0.05%～0.1%，每亩用30～45kg硼砂溶液，于幼苗期和根茎膨大前期喷施（图4-23）。

### 3. 水分管理

生姜是喜湿作物，保持土壤湿润是稳产高产的基本保证。生姜幼苗期需水量不大，且生长前期由于气温较低，土壤湿度偏大不利于提高地温，因此前期不需要经常浇水。在生姜旺盛生长期，其地上部分和地下部分（块茎）的生理活动十分活跃，生长量显著增加，同时气温升高，旱情频发，应及时补充水分，每隔5～7天浇水1次。有条件的种植户可采用塑料软管抽水浇田，以提高劳动效率。安装了微喷设施的地块，要利用设施适时补水，以满足生姜生长期间对水分的需求（图4-24）。

图4-24　人工浇水

### 4. 田间除草

生姜幼苗期控制杂草是田间管理的重要工作。如果田间除草不及时，或除草的方法不当，就容易造成草荒（图4-25）。杂草与姜苗争肥、争水、争光，使姜苗的生长环境恶化，造成减产。因此必须采用有效办法控制杂草。人工拔草劳动强度大，消耗时间多，尤其在生姜规模化、产业化生产过程中，更应采用安全有效的化学除草方法，以提高劳动效率，降低劳动力成本。对于前期未采取芽前化学除草或除草效果不佳的姜田，应在田间杂草处于幼苗时期及时施药防治。姜田防治一年生禾本科杂草，如马唐、稗草、狗尾草、牛筋草等，可选用下列除草剂：10%精喹禾灵乳油40～50mL/亩；10.8%高效氟吡甲禾灵乳油20～30mL/亩；12.5%稀禾啶机油乳剂40～50mL/亩；加水30～45kg，配成药液喷洒。或在杂草生长旺期，每亩用18%的草铵膦250mL，兑水30kg，对杂草定向喷雾。

图4-25　即时去除田间草荒

**5. 适度遮阴**

生姜露地栽培的主要生长阶段在夏季和秋季，此期温度较高，光照较强。与其他大多数蔬菜作物不同，生姜在高温强光条件下，植株生长会受到抑制。强日照时间超过10h，气温高于30℃时，姜叶呈现黄白色、皱缩，萎蔫；而适度遮阴可减轻强光对姜苗生长的抑制作用。遮阴栽培有两种方式：一种是遮阳网覆盖栽培；另一种是采取间套作其他作物的方式。遮阳网在生姜开始进入旺盛生长期时进行覆盖遮阴，可采用水泥柱、竹竿等材料搭成2m高的棚架，上面覆盖遮阳网。遮光率应为30%～40%，使姜苗处在花荫状态为宜。如果遮阴太少，则达不到预期遮阴效果，如果遮阴太多，则容易导致姜苗徒长，茎秆纤细，影响生姜产量和品质。适度遮阴还可降低田间温度，改善田间小气候，为姜苗生长创造适宜的环境（图4-26）。

图 4-26　遮阳网覆盖姜田

### 6. 田间培土

生姜根茎在土壤里生长，要求黑暗和湿润的条件，为防止根茎膨大时露出地面，需要进行培土。因开沟栽培、撬窝栽培和挖窝栽培的方式不同，故其培土方式也不同。开沟栽培要求把沟两侧的土培在植株的基部，以后结合肥水管理进行第 2 次、第 3 次培土，逐步变沟为垄，始终将根茎埋在土下，为根茎生长创造适宜的条件。培土工作多结合中耕除草和肥水管理进行，从夏至开始培土，共培 2 ~ 3 次（图 4-27）。撬窝栽培的培土方式分为两种。一种是撬窝较浅，根茎未来的长度可能超过洞穴深度，因此在姜

图 4-27　通过多次覆土将垄变为沟

苗长出洞穴后，还要进行培土。培土方法与开沟栽培的培土方式相似，在将洞穴填满泥土后，再将行间的泥土培在生姜植株基部，逐步使其成为垄，而生姜行间逐步成为沟。另一种是撬窝深度大约有40cm，而姜根茎的长度不及洞穴的深度，因此可以根据姜苗的生长情况，逐步用泥土将洞穴填满即可，不再另行开沟培土。填洞穴的土壤一是来自洞穴周边的土壤，二是来自其他地块的细土。为了提高土壤的疏松程度，改善土壤理化状况，增加有机质，可用细碎秸秆、粗糠或细碎食用菌培养基料与细土混合，填于洞穴中，其效果更好。不仅有利于根茎的生长，而且可使细菌性和真菌性病害的病株率大幅减少，另外，在收挖时根茎上的泥土容易清理。挖窝栽培根据姜的用途进行培土，种姜和加工姜培土较少，菜姜需要进行多次培土。不论哪种用途，只要发现姜的根茎外露，均需要培土埋兜，以促进根茎的正常生长（图4-28）。

图4-28 姜头外露应及时培土

## 三、适时收获

在姜苗开始分枝的同时，地下茎也开始逐步形成，其产量逐步递增。生姜销售的时间越早，其价格越高，但产量不理想；当产量达到最高值时，价格可能不如提早收挖的高。种植者应根据效益第一的原则确定生姜的收挖时间（图4-29）。露地栽培的生姜应该在10月下旬初霜到来之前收挖完毕，此时地上茎叶尚未枯萎，生姜根茎产量达到最高值，但组织柔嫩，纤维少，适于作鲜食蔬菜和腌制泡菜。初霜到来后，生姜茎叶开始枯萎，生姜产品的纤维逐步增多，这时应加快收挖进度。如果继续留在地里，则容易遭遇冻害，耐储性降低。收挖生姜的方法由土壤的疏松程度和根茎入土的深度决定。土壤疏松且生姜入土较浅的，可用手直接将姜株拔出；土壤黏重，不易直接拔出的，可用锄头在姜株旁侧下锄，不要伤及根茎。撬窝栽培的生姜入土较深，且土壤黏重，不要用手直接拔出，应先将地上茎割除，再用锄头进行收挖。

图 4-29　适时收获生姜

冲洗生姜是生姜销售前的最后环节，处理不当容易使生姜破碎，影响外观。传统的处理方法是将生姜在水池里浸泡一段时间后，采用人工方法除去表面的泥土，但这种方法费时费力，效率太低，因此在有条件的地方，可采用高压水冲洗的方法。具体方法是先将生姜平放在地面，然后用高压水进行多次冲洗，其效果好且时间短，不会造成产品破损（图 4-30）。

图 4-30　用高压水冲洗生姜

## 四、露地生姜间套遮阴栽培

生姜不喜高温强光，在适当遮阴的条件下，植株生长良好，产量明显增加。遮阴可以采用遮阳网覆盖法，但购置遮阳网的成本较高，而且要打桩搭架比较麻烦。因此有必要推行生姜与其他农（林）作物间套作，这样既可以替代遮阳网进行适度遮阴，又可以提高复种指数，增加收入。生姜露地栽培间套作主要有以下几种类型：

**1. 与粮食作物套作**

**（1）与玉米套作**　玉米植株高大，而且播种时间与生姜的播种时间均在当年，便于土地的安排和整理。生姜套作玉米的方式多种多样：一种方式是玉米单独成行栽培的遮阴方式，在土地整理后，按照玉米行距与生姜行距相等的方式播种，每行间隔50cm，其中1行玉米，2～4行生姜（图4-31和图4-32）；另一种是不单独成行种植玉米，而是在生姜播种的同时在姜沟内直接插播玉米。每行间隔1m播栽1株玉米。玉米收获后，可保留玉米秸秆一段时间，使之继续起到遮阴降温的作用，9月初再全部砍去玉米秸秆（图4-33）。

图4-31　1行玉米套作2行生姜

图4-32　1行玉米套作4行生姜

图 4-33　生姜行间插播玉米

**（2）与小麦套作**　小麦的植株不高，其遮阴面积不大，可按照生姜行距的 2 倍做畦，一半用于种植冬小麦，一半作为生姜栽培的预留行。在小麦收获时，只收割上部的麦穗，保留麦秸为生姜遮阴（图 4-34）。

图 4-34　小麦行间套作生姜

**2. 与蔬菜作物套作**

**（1）与豆类蔬菜间套作**　主要有菜豆、豇豆等。菜豆、豇豆等豆科藤蔓蔬菜需要搭人字架栽培，起到了为生姜遮阴的作用。根据生姜的行距进行土地整理，每 1.5 ~ 2.0m 为 1 个复合种植带，即 50cm 种植 1 行菜豆，1.0 ~ 1.5m 种植 2 ~ 3 行生姜。

**（2）与瓜类蔬菜间套作**　用于套作的瓜类蔬菜主要有苦瓜、黄瓜、丝瓜等。瓜类蔬菜多为喜光作物，可采用棚架式栽培。3月下旬开始挖姜沟，沟距50cm，在姜埂上预挖瓜类蔬菜的栽植穴，间距30～50cm。瓜类蔬菜于2月中、下旬采用小拱棚营养钵育苗，注意保温防寒；3月中旬生姜催芽；4月中旬选晴好天气播种生姜和瓜类蔬菜（图4-35）。

图4-35 苦瓜棚架栽培为生姜遮阴

**（3）与芋间套作** 芋喜湿润土壤，植株较为高大，而且叶面积大，可以作为生姜的套作伙伴。植株较矮小的芋品种，可采取2行生姜套作1行芋的方式。植株高大的芋品种，可采取3行生姜套作1行芋的方式。芋的栽培行距与生姜行距相同。芋的发芽温度和栽培条件与生姜相似，可与生姜同时播种，并采用相似的栽培管理方法（图4-36）。

图4-36 生姜与芋套作

**（4）与莴笋套作** 莴笋是短期蔬菜，其植株较为矮小，不能为生姜起遮阴作用，有些菜农在姜埂上种植1行莴笋，主要是为了提高姜田的复种

指数，同时也可以通过套作莴笋等短期蔬菜，起到保湿增肥、抑制杂草的作用，对生姜栽培是有利的。莴笋收获后需再进行挖埂培土（图4-37）。

图4-37　生姜与莴笋套作

**3. 林间种植**

幼龄果园和林木的株行距较大，有较大的空间可以利用。在林间栽培生姜，对树木和生姜都是有利的。果树或树木可以为生姜遮阴，同时生姜肥水管理也可以使幼树受益。林间种植生姜应注意以下几点：一是要求林间土层深厚疏松，便于生姜地下茎的生长和日后采挖。如果土壤黏重板结或土层较薄，则不宜在林间种植生姜；二是要求种植土块离水源较近，便于随时补充水分，保持土壤的长期湿润，满足生姜对水分的需求；三是与树体保持一定距离。生姜耐阴喜光，充足的光照是生姜良好生长的必要条件，如果离树体太近，生姜的生长则会因过度遮光和受到树子根系的限制，达不到预期的种植目的（图4-38～图4-41）。

图4-38　在幼龄柑橘园种植生姜

图 4-39 在桑园种植生姜

图 4-40 在葡萄园种植生姜

图 4-41 在生态林下种植生姜

第五章

# 生姜大棚栽培

利用塑料大棚栽培生姜，目的是为了使生姜提早上市，避开上市高峰，获得较好的经济效益。在春季利用塑料大棚栽培生姜，可在6月下旬上市，比露地栽培提早收获60～80天。夏季收挖生姜可以避开姜瘟病发生高峰期，而且此时的鲜姜数量少，需求量大，销售价格可观。

**1. 塑料大棚的类型与搭建**

**（1）竹制大棚** 目前南方地区大多数生姜种植户使用竹竿或竹片为骨架搭建的塑料大棚。竹木大棚取材方便，成本低廉，1个竹木拱棚占地面积为150～200$m^2$。如果大棚空间太小，会影响棚内农事活动；但如果空间太大，则棚体稳定性差，棚内需搭建支架，且易遭遇大风、大雨为害而损坏。简易竹制大棚有两种类型：

1）斜架式大棚。这种类型借鉴了蔬菜塑料大棚的搭建方法，采用竹竿作柱，中心高度在2.2～2.5m、肩高1.2～1.5m、跨度为6～8m、长度为25～30m。竹架拱杆交接处要用旧布条、旧薄膜条或稻草等包扎，以防止竹尖刺破棚膜。斜架式大棚较为稳固，而且高度适于棚内从事农事活动（图5-1和图5-2）。

图5-1 斜架式拱棚双膜覆盖栽培

图 5-2　斜架式大棚外观

2）拱形竹木大棚。方法是直接用竹片或竹竿作拱，将竹片或竹竿插入地下，拱棚下栽 7 ~9 行生姜，骨架搭好后扣膜。采用竹片或竹竿作拱棚骨架，其方法简单，大棚搭建速度快，在气温回升后拆除也比较方便，因此在南方地区广泛采用此法（图 5-3 和图 5-4）。竹木拱棚的塑料薄膜应选择长寿流滴膜或多功能转光膜，每亩需 60kg 薄膜。

图 5-3　竹制拱形大棚内观

**（2）PVC 骨架大棚**　PVC 骨架大棚实际上就是仿照竹木拱棚的规格建造，只不过是将竹木骨架换成了直径 2. 5cm 的 PVC 管材而已。PVC 管材造

图5-4　竹制拱形大棚外观

价不高，使用寿命长，购买材料及安装和拆卸都比较方便，因此近年来农民开始大量使用。PVC骨架大棚管材要求新料生产，再生料生产的PVC管材韧性差，日晒雨淋后易断裂，不宜用作拱棚骨架（图5-5）。

图5-5　PVC骨架大棚

**（3）钢架大棚**　钢架大棚强度大，使用寿命长、抗灾能力强，棚体高大，通风采光条件好，土地利用率高，操作管理方便，近年来由于大棚生姜栽培效益突出，种植户可考虑使用钢架大棚。栽培生姜的钢架大棚骨架采用装配式，跨度为7～8m、高2.5m、长40～50m。钢架大棚由销售商委派专业人员或在其指导下安装，安装技术要求在此不作赘述（图 5-6 和图 5-7）。

图 5-6　钢架大棚内观

图 5-7　钢架大棚外观

**2. 土地准备**

生姜大棚栽培与露地栽培对土地要求基本一致，要求土质疏松肥沃、有机质丰富、通气性良好和排灌方便，并且 2～3 年内没有种过生姜的土地。同时，大棚栽培生姜还需要地势开阔平坦，便于搭建大棚。现在多数种植户的塑料拱棚是竹木骨架，空间比较狭小，在扣棚后有诸多不便，因此应事先做好土地耕整。在耕整前每亩施入农家肥 2000kg，草木灰 100kg，油枯 50kg，将上述肥料均匀撒施在土表后再做耕整（图 5-8）。耕整时间应尽量提前，最好在冬季进行深翻、晒白、风化，促进土壤疏松，减少病虫基数。为了确保大雨之后雨水能够及时排出，大棚周围应挖排水沟（图 5-9 和图 5-10）。

图 5-8　在土地耕整前撒入农家肥

图 5-9　大棚之间要挖排水沟

### 3. 培育壮芽

大棚栽培尽管棚内温度比棚外高，但早春时节的温度仍然达不到生姜发芽的适宜温度，需要进行催芽播种。早春大棚栽培的目的是为了实现早

图 5-10　大棚两端需深挖排水沟，防止积水

收获，早上市，因此应尽量采取时间短、出芽快的火炕催芽方式，在短期内催出短壮芽（图 5-11）。如果时间比较充裕，也可利用大棚设施采用牛粪和秸秆进行酿热物催芽，经过 20 多天即可催出短壮芽。大棚设施栽培生姜的用种量比露地栽培要大一些，每亩需准备姜种 500～600kg。催芽前应进行晒种、选种、掰种、浸种或拌种，然后进行催芽。有些姜农怕麻烦，或者没有掌握催芽技术而不进行催芽，使发芽出苗期推迟 20～30 天，最后导致上市时间推迟，使大棚栽培的效益不能充分实现。因此，建议种植者

图 5-11　火温床催出的短壮芽

务必催芽，以保证鲜姜早上市，早卖钱。姜种处理和催芽技术的内容，详见第三章的有关章节。

**4. 提前开沟**

开沟需要较长的时间和较多的劳动力，因此应提前数十天进行开沟作业。大棚生姜的种植沟有竖沟和横沟两种。竖沟与大棚的长边平行，沟距40～50cm、沟深30～33cm、沟底宽10～16cm。横沟与大棚的长边垂直，幅宽160cm、沟距35～40cm、沟底宽10～14cm、走道40～50cm。播种前每亩在姜沟内施腐熟人畜粪1000kg，草木灰100kg，复合肥50kg，适量兑水施入（图5-12和图5-13）。

图5-12　竖向开沟

图5-13　横向开沟

**5. 适时播种**

生姜播种时间主要由温度条件决定。采取大棚栽培的方式可以提高生姜生长的环境温度5~8℃。在南方多数地区，大棚生姜可在2月中下旬催芽，3月中下旬播种。华南热带地区温度条件更好，播种可以提前到1月下旬。为了提高大棚设施利用价值，播种密度应比露地栽培要大些，用种量可比露地栽培增加20%~25%。要求株距10~12cm，亩植8000~10000株。播种前先顺沟撒施肥料，覆土后再播种，不可将姜种直接放在肥料上（图5-14）。播种后再覆土5cm左右。大棚生姜前期草害严重，密闭的棚内除草不方便，因此在覆土后要及时进行芽前除草，控制和延迟草害的发生和为害。除草剂可亩用90%乙草胺乳油60mL，加水30kg喷雾，或用72%异丙甲草胺乳油40~60mL，加水30~45kg喷雾，或用33%二甲·戊禾灵乳油100~120mL，加水30kg喷雾。

图5-14 覆盖肥料后再播种

**6. 棚内覆膜**

早春时节气温很低，尽管搭建了大棚，但仍然需要在大棚内覆盖地膜，以提高生姜生长的环境温度。采取大棚膜和地膜“双膜”覆盖方式进行保温增温，以满足生姜出苗所需的温度条件（图5-15）。如果播种时间偏早，地面温度偏低，还可在覆盖地膜的基础上再搭建小拱棚，形成大棚膜、地膜和小拱棚膜的“三膜”保温增温体系，这种方式尽管增加了部分成本，但可有效防止生姜冻害，并为生姜提前收获创造条件（图5-16）。

图 5-15　大棚膜加地膜覆盖

图 5-16　大棚套小棚加地膜覆盖

**7. 温度管理**

要加强大棚温度管理，经常对大棚进行检查、巡视，避免低温和高温为害，影响棚内生姜的正常生长。播种后，前期应尽量保持大棚的密闭状态，发现大棚有破损漏风现象应及时补救，保证姜苗在适宜温度下正常生长。春季温度回升较快，生姜出苗前如棚内温度上升至28℃以上，应及时揭开大棚两端棚膜，通风降温，防止高温灼伤姜种，影响发芽（图5-17）。在姜芽顶土后，要及时破膜引苗，或直接撤除地膜，避免地膜压制幼苗正常生长。生姜茎叶生长的适宜温度为20～28℃，而开春后棚内最高温度可达35℃以上，高温容易造成姜苗徒长，甚至灼伤姜苗，因此当棚内温度达到28℃以上时，应部分揭开棚膜，通风降温。生姜生长前期通风口要小，通风量要少，生长中期和后期要逐渐加大通风量，使棚内气温白天尽量保持在25～30℃，夜间保持在18～20℃。在棚外气温稳定在25℃左右时，可将大棚膜全部拆除（图5-18和图5-19）。若是钢架大棚，可卷起裙边，留下顶膜作避雨栽培，既可以减轻病虫害的发生，又可以减少或避免高温强日照对生姜生长的危害（图5-20）。

**图5-17**　出苗之前的温度升至25℃后，要及时揭膜降温，防止高温灼伤姜种

**图5-18**　当棚内温度达到25℃时，应部分揭开棚膜进行通风降温

图 5-19　在棚外温度稳定在 25℃以后，应及时拆除棚膜

图 5-20　钢架大棚需揭开裙边通风降温

**8. 养分供给**

大棚覆盖栽培与露地栽培一样，生姜都需要较多的养分供给，以保证获得较高的产量和效益，但是在大棚设施覆盖下，施肥多有不便，而且，在目前农村劳动力紧缺的情况下，可以采取全程只施 1 次底肥的方式，满足生姜养分供给问题。在整地开沟前，采取全层施肥的方式，每亩在土表撒施农家肥 800 ~ 1000kg，腐熟的细碎饼肥 50kg，硫酸铵或复合肥 50kg，撒施肥料后再开沟作业。在播种时，每亩再用硫酸铵或磷酸二铵 5kg，兑清水或清粪水 600kg 浇施。出苗以后，直至收获，如果生长正常，则不需要再施肥。如果叶色出现缺肥症状，可以酌情补充养分。

**9. 水分管理**

大棚栽培生姜的水分管理是非常重要的环节，因为生姜在大棚覆盖条件下无法接受自然降水，必须采用人工的方式适时补充水分。因此，大棚生姜的供水次数和成本要比露地栽培增加1～2倍。如果是规模生产，应尽量安装滴灌系统或微喷灌系统。滴灌系统可以采用肥水一体化设施栽培方式，也可以采用单一的供水滴灌方式，以最大限度节约成本。滴灌管道每行放置1根，在培土埋兜时要注意移开，不要伤及管道系统（图5-21）。安装在棚上的微喷灌系统，可以不受地面农事活动的影响，但成本较高。微喷灌系统主进水管为直径50mm的PE管，支管为直径32mm的PE管，次支管（棚内支管）直径为16mm的PE管，毛管（接喷头）用直径4～7mm的PE管。8m跨度的大棚，每棚安装两排旋转喷头，间距1.5～2.0m（图5-22）。

图5-21 大棚生姜滴灌系统

图5-22 大棚微喷灌系统

**10. 控制杂草**

大棚生姜的幼苗生长速度往往比杂草缓慢，在适宜的温、湿度条件下，杂草生长蔓延很快，如不及时防控，杂草甚至可能将整个大棚内的土地覆盖，严重影响姜苗的正常生长，因此大棚生姜种植前期要把除草作为首要任务。要在播种后认真做好芽前化学除草工作，此环节不可以省略。覆盖塑料薄膜的，最好是覆盖黑色地膜，这样可以延缓杂草蔓延的时间。在揭开地膜后可选用下列除草剂进行化学除草：10%精喹禾灵乳油40~50mL/亩，加水30~45kg喷洒，或10.8%高效氟吡甲禾灵乳油20~30mL/亩，加水30~45kg喷洒。杂草较少时，可适当减少用药量；在气候干旱，杂草较多时，要适当增加用药量（图5-23和图5-24）。

图5-23 大棚生姜出苗之前杂草开始蔓延生长

图5-24 大棚生姜生长后期形成的草荒

**11. 培土垒兜**

黑暗湿润的土壤环境条件对生姜的根茎生长有利，为防止根茎膨大后露出地面造成姜指变短、颜色变深、纤维素增多，需要培土 3 次。第一次在有幼苗出现 3 个分枝后进行浅培土；第二次在施壮根肥之后进行，培土深度以覆盖地上茎与地下茎连接处之上为宜；第三次在 5 月底培土垒大厢，培土深度要求 3 次累计达到 33cm，确保根茎不露出地面，为根茎的生长创造有利条件。大棚生姜的行间距较小，为了操作方便，可采用 5cm 宽的窄锄头培土，避免伤及生姜根茎。在培土的同时还要深挖厢沟，避免大雨造成田间积水为害姜苗（图 5-25 和图 5-26）。

图 5-25 拆除大棚架子后要及时覆土埋兜

图 5-26 深挖厢沟避免积水为害姜苗

**12. 适时收挖**

大棚生姜在棚内的生长时间为100～120天，即2月中下旬催芽，3月中旬大棚内播种，6月下旬开始收挖上市，一直可延续到7月上、中旬，但必须在露地栽培姜上市之前销售完毕，避免露地姜上市后造成价格快速下跌。大棚生姜采收早产量低，但价格好；采收晚产量高，但销售价格逐步下降。大棚生姜栽培的材料和劳动力成本投入较大，种植者应根据田间生长情况和市场价格尽量早收挖，早上市，以获得较高的经济效益。冲洗嫩姜应尽量采用高压水枪冲洗，以提高冲洗效率，减少生姜破损（图5-27和图5-28）。

图5-27　及时收挖，及早上市

图5-28　用高压水枪冲洗生姜

第六章

# 姜芽栽培

姜芽（图6-1）规模生产的栽培方式主要有两种，一是锅炉循环供热栽培（温床栽培），二是大棚密集栽培（冷床栽培）。本章介绍的姜芽生产技术，打破了原有的方法，采用工业生产方式来生产姜芽，与传统的生姜生产方式有很大的不同，投入产出比相当高。

图6-1　姜芽

## 一、锅炉循环供热栽培技术

一般来说，只要满足姜芽生产的温度条件，在任何时候都可以生产出姜芽。进入冬季以后，市场上的鲜姜产品越来越少，生姜价格越来越高，此时将姜芽产品推向市场，其经济效益十分可观。采用锅炉循环供热栽培，可在60多天后陆续采收姜芽上市，供应冬季和春季市场。

**1. 生产准备**

锅炉循环供热生产姜芽是四川姜农发明的一种工厂化生产方式，是资金密集型、劳动密集型的生产经营项目，生产前必须做好充分准备。

**（1）姜种准备**　姜芽生产是采取工厂化生产方式，但品种选择仍然应遵循“试验、示范、推广”三步走的农业技术推广原则，因为并不是所有的生姜品种都适宜进行姜芽生产。作为新的姜芽生产户，可参照当地常用的生姜栽培品种作为姜芽的生产用种。四川的姜芽种植户多选择乐山竹根姜、重庆白姜，遵义大白姜等，这些品种的姜芽白净，卖相好，品质脆嫩，有利于销售，每亩需种姜10～15t（图6-2）。如此大的数量，需外出采购。为了确保姜种质量，姜芽生产者应亲自前往姜种生产基地查看，选择充分成熟、叶色正常、生长一致、产量较高、没有姜瘟病或其他病虫严重为害的姜田作为姜种采购点，并现场监督收挖（图6-3）。收挖后要再次查看姜种是否有姜瘟病或其他病虫害，然后将姜种运回进行短期储藏。储藏期间

图6-2　采购优质姜种是姜芽生产的首要环节

图6-3　选择叶色一致，没有姜瘟病为害的田块采挖姜种

要注意保温防冻，避免冻坏姜芽，影响后期产量。如果种植者不能亲自到姜种生产现场查看，而只能在商贩处购买，必须事前了解该商贩是否有足够的经验和信用，并认真检查商贩的姜种是否有姜瘟病或其他病虫害，是否在储藏期遭遇冻害。合格的姜种是取得成功的首要条件，种植者必须认真对待，不可麻痹大意。在播种前，还要进行 1 次选择。要求种姜光亮饱满、无病无伤，每块重 100g 左右，具有 2 ~ 3 个芽眼，剔除种块较小、肉质变色、有水渍状、表皮易脱落的姜块。

**（2）土地准备** 平地和缓坡地均可种植姜芽。土地选择的首要条件是要求交通便利，因为有大量的原材料需要运输，如姜种、煤炭、塑料膜及锅炉等，因此土地应选择公路边，或离公路不远的地块。另外还要有电源和水源。姜芽栽培对土地要求与生姜的栽培方式基本一致。要求土质疏松肥沃、有机质丰富、通透性良好和排灌方便，并且是 3 年内没有种过生姜的土地。每厢的宽度根据地膜或大棚的宽度决定，一般情况下宽度为 6.5m 左右。施肥以有机肥为主，化肥为辅。底肥每亩施用腐熟粪肥 500kg、复合肥 20kg，进行全层施肥。施肥后进行翻耕，将土壤整平整细。平地栽培为了防止积水，还要在土地周围深挖排水沟，要求深 50cm 以上，宽 40cm 左右；坡地栽培则不必在周围挖围边沟（图 6-4）。

**图 6-4　平地栽培必须开挖排水沟，防止积水**

**（3）场地准备** 在靠近公路的地头准备 5 ~ 10m² 的平地，用于安装锅炉，堆放煤炭和建造临时工作房。锅炉循环供热生产姜芽前后需要大约 3 个月，因此临时工作房里应设置床、电灯、电视等，尽量使工作人员在里面舒适一些（图6-5）。

图6-5　工作区

**（4）物资准备**　根据姜芽的生产规模准备锅炉，一般1台锅炉供1亩的姜芽循环供热。用于锅炉增温的煤炭大致与用种量相当，即1t姜种需要1t煤，1亩需要10～15t煤。每台锅炉配备电动抽水机1台，用于热水循环供热。埋设在土里用于增温的直径为20mm的PE塑料管需2000m，用于覆盖栽培的塑料薄膜800～1000$m^2$，如果需要进行大棚覆盖栽培，还需准备搭建大棚的竹竿、竹片或PVC塑料管材料（图6-6～图6-10）。

图6-6　供热锅炉的安装

图 6-7　保证有足量的煤炭

图 6-8　每台锅炉准备 1 台电动抽水机

图 6-9　每亩需要 PE 塑料管 2000m

图 6-10 每亩需塑料薄膜 800 ~ 1000m²

**（5）分流准备** 为了保证姜田均衡供热，需制作 1 个分流供热系统。水泵将锅炉热水抽出后，经过总阀门，进入各个分流阀门。每块姜田分为 8 ~ 12 个小循环，每个小循环由 1 个分流阀门控制，各个部分的小循环供热面积不大，热水经过的时间不长，因此进水口与出水口的温差不太大，供热的温度较为均衡。如果不采取分流供热的方式，就会导致进水口和出水口温差过大，使全田的供热系统出现前热后冷的现象，使姜芽长势不齐（图 6-11 ~ 图 6-13）。

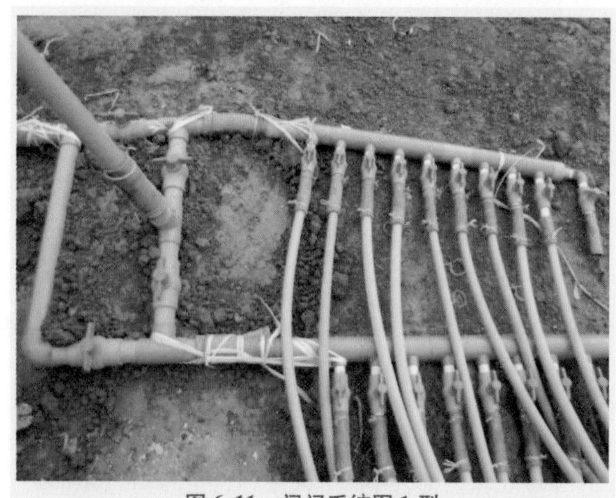

图 6-11 阀门系统图 1 型

图 6-12　阀门系统图 2 型

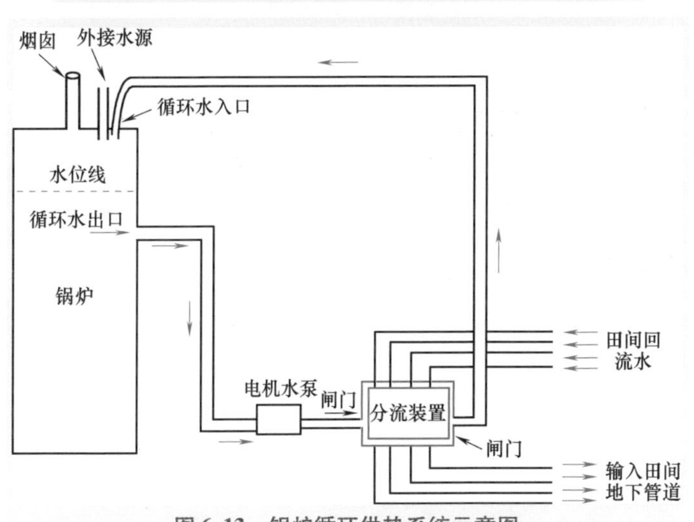


图 6-13　锅炉循环供热系统示意图

**2. 适时播种**

锅炉增温栽培的播种时间主要是根据姜芽的上市时间确定，一般播种时间选在 10 月下旬～11 月上旬，通过 60～80 天的人工增温栽培，可在元旦、春节期间供应市场。此期市场上的鲜姜已基本售罄，将姜芽适时推向市场，可以获得很好的经济效益。

**（1）开沟埋管**　开沟埋设 PE 塑料水管，从左到右或从右到左均可，要求姜种上面覆盖土壤的深度为 15～16cm，一般不超过 20cm。要求上市早的姜芽，覆土宜浅，但其产量较低；覆土较深则姜芽出土较慢，上市较迟，但产量较高。覆土的厚度加上姜种本身的厚度，要求开沟深度为25cm左右，放种沟的宽度为1～1.2m，在沟内放置直径20mm的PE塑料水管，然后覆盖泥土4cm。沟内铺设PE塑料热水管的密度越大，加热越均匀。每条定植沟埋设3条水管，顺沟平行排列。各个定植沟的供热水管与若干个邻沟的供热管连接相通，形成一个与锅炉供热的分阀门相连的闭合循环供热系统（图6-14和图6-15）。

图6-14　开挖定植沟

图6-15　定植沟内埋设热水管

**（2）顺沟排种**　锅炉循环供热的方式完全可以达到生姜发芽所需的温度，因此生产姜芽不需要另行催芽。在定植沟内依次摆放种姜，要求姜种竖放，姜芽向上，尽量加大密度，以提高设施的利用率。放种后，用50%

的多菌灵可湿性粉剂500～600倍液或70%的甲基硫菌灵可湿性粉剂600～800倍液，喷雾消毒灭菌，要求喷雾周到、均匀。喷药消毒后覆土5～10cm，全沟覆土完成后再进行下一沟的操作。按照此方法渐次进行，直至整地块完成（图6-16和图6-17）。

图6-16　依次排放姜种

图6-17　喷施药剂消毒灭菌

**（3）泼施肥水**　在摆播姜种之前，定植沟内不宜泼施粪水，否则不便操作。在排种之后，在其上覆盖细土，然后每亩施腐熟清粪水1000kg，泼施于土壤表面，如果草木灰较为充裕，还可以在泼施水肥后每亩撒施草木灰50kg。姜芽生长首先需要湿润的土壤环境，如果粪水不够，需浇灌足量的清水，以满足其对水分的需求（图6-18）。

图 6-18　泼施肥水

**（4）覆盖保温**　姜芽覆盖保温方式有两种类型：一是大棚覆盖保温栽培；二是塑料薄膜直接在地面覆盖栽培。大棚覆盖保温栽培的规格可以根据当地实际情况实行，主要有竹木大棚、PE 塑料管大棚和钢架大棚。搭建方式可参见本书第五章的相关内容。搭建塑料拱棚可以有效保温蓄热和防止雨水浸淋，有利于姜芽的正常生长。为了增加保温效果，还可在大拱棚内再覆盖一层塑料薄膜，塑料薄膜上还可再覆盖人造棉，这样可提高和保持姜芽生长的环境温度，节约用煤。塑料大棚保温栽培是最经济有效的温床生产模式，但在劳动力不足或材料不足或缓坡地区，生产姜芽可以不搭建大棚，只在土表面覆盖一层塑料地膜即可。

【提示】　在这里必须指出，在平地生产姜芽必须搭建塑料大棚，如果没有大棚，雨水会蓄积在地膜上，通过地膜连接处的缝隙渗入土内，致使土壤湿度过大，造成姜种腐烂变质，甚至导致生产经营失败。

在缓坡地不搭建大棚而采用地膜在地表直接覆盖，下雨后，雨水可顺着地膜流走，接缝之间不会造成渗漏积水的严重后果，所以如果在劳动力和材料缺乏的情况下，可以采用单层地膜直接覆盖土地表面的方式，但这种方式热量损失较大，用煤量比大棚覆盖供热的用煤量至少增加 10%（图 6-19 和图 6-20）。

**3. 供热管理**

**（1）循环供热**　姜芽生长的适宜温度是 20～28℃，在此范围内温度越高，姜芽的生长速度越快。在通常情况下锅炉水温可保持在 40～50℃，输出的热水通过管道循环后，可以使地温达到 20～25℃。每天锅炉供热时间为 15～18h。一般是在白天供热，半夜停火或停止供热。在此温度条件下，可以使姜芽在 60 多天内上市（图 6-21）。

图 6-19　平地生产姜芽应搭建塑料大棚

图 6-20　斜坡地可以不搭建大棚

图 6-21　锅炉供热

【提示】 在这里，停火和停止供热是两回事。停火是指停止添加煤炭等燃料，停止为锅炉送风助燃，锅炉水不再升温，但水泵仍然在工作，继续为田间进行循环供水供热。停止供热是指循环供热的水泵停止工作，土壤的温度随着供热的停止而逐渐降低。

**（2）调节时间** 为了避开姜芽集中上市可能对销售价格的影响，可以通过调节供热时间和温度来适当延迟上市时间。比如，每天供热的时间可以减少到10h，甚至更少，土壤温度保持在16～20℃，可以使上市时间延迟10～20天，当然也不能无限度推迟上市时间，过多地推迟上市时间会增加供热成本，同时错过最佳销售时期。如果需要提早姜芽的上市时间，可以通过提早播种来实现，不能通过提高温度和增加供热时间来实现，因为提高温度和延长供热时间可能使姜芽生长过快，徒长严重，含水量增大，品质下降，甚至引发生理性病变，造成烂种死苗；而且延长供热时间，势必增加用煤量，增大生产成本。常规的温度管理方法是，在播种后至出苗前地温保持在22～25℃，出苗后地温白天保持在18～25℃，夜间保持在17～18℃。

**（3）覆膜管理** 大棚内覆盖地膜可以提高增温效果，减少热量损失。当姜苗出土顶膜时，可揭开覆盖在地表的地膜，保留拱棚膜。棚内温度过高时，可以采取停止循环供热或停火的方式来调节棚内温度。没有大棚的，在姜苗顶膜后，仍然保持地膜的原状，让姜苗自行生长，此时由于地膜的限制，姜苗会弯曲变形，但基本不影响土下姜芽的形成，因此可使地膜一直保持密闭覆盖状态直至收获（图6-22和图6-23）。

图6-22　大棚内覆盖地膜可以提高增温效果，减少热量损失

图 6-23　地膜覆盖下姜苗弯曲变形，
但仍然可以生产出姜芽

**（4）防止漏水**　田间循环供热水管漏水是非常糟糕的事情，因为水管的水温高达40℃以上，足以将姜芽烫伤烫死，而且漏水使田间湿度增大，甚至使姜种浸泡在热水里，致使姜种腐烂。为此，要把防止田间水管漏水作为一项重要工作。选塑料管必须是新料生产的合格的硬型 PE 塑料管，不可贪图便宜用其他塑料水管代替。在开沟埋管之前要认真计算，尽量减少接头。水管接头处要连接牢固，在覆土前要反复检查，不可麻痹大意。大多数漏水都是在供热前期出现的，因此在开始供热时要特别注意田间观察，发现漏水及时补救（图 6-24）。

图 6-24　采用合格的硬型 PE 塑料管

**4. 田间管理**

姜芽所需的养分部分来自姜种，部分来自土壤。尽管姜芽生长时间较短，但其根系仍然需要吸收土壤中的养分和水分。由于姜芽的枝叶受到塑料薄膜的覆盖压迫，其枝叶弯曲凌乱，但仍然在进行光合作用，并将光合产物向根茎输送，促其生长和膨大。因此，适时补充养分和水分是稳产、高产的必要措施。每亩施腐熟粪水600kg或复合肥10kg，以后每隔15～20天追1次肥。土壤太干应注意及时补充水分，保持土壤湿润。土壤积水应及时排水，防止生姜根茎腐烂。姜芽生长时间很短，且外界的温度较低，因此病虫很少；即使发现有少量病虫也不必进行药剂防治。

**5. 适时采收**

姜芽一般在年底至春节期间开始上市。当姜芽长15～20cm并充分膨大时即可采收。采收早产量低，但售价较高，采收晚产量高，但售价较低。由于姜种是高密度排放，如果采收过晚，容易造成地上部分徒长，养分上移，影响姜芽的产量和品质，因此姜芽生产最多不要超过80天。在收挖前2～3天，要提前揭开薄膜，降低土壤湿度。采收时用铁锹从姜芽的底部将姜株撬出，用手掰下姜芽下部的老姜，除去泥土和姜芽的须根，然后用利刀在绿色茎秆与白色姜芽交界的下部切除。在清水中经过短时间的浸泡后，进行冲洗和分级整理，然后及时出售，不要久存（图6-25～图6-29）。

**图6-25　在收挖前2～3天，要提前揭开薄膜，以降低土壤湿度**

图 6-26　集中人力，及时收挖

图 6-27　收挖后短期浸泡

图 6-28　用高压水枪进行冲洗

图 6-29 新鲜姜芽

## 二、大棚冷床姜芽栽培

大棚冷床生产姜芽，栽培方法与锅炉循环供热生产姜芽的方法相似，但是没有繁杂的循环供热程序，可以节省成本和劳动力。由于大棚覆盖增加的温度十分有限，因此播种时间应比锅炉循环供热栽培的时间推迟 50～60 天。

**1. 适时播种**

生姜发芽的最低温度是 16℃，早春的温度均低于生姜出芽的适宜温度，而塑料大棚的增温效果在早春 2 月，温度为 5～8℃，照此推算，大棚冷床姜芽栽培的适宜播种温度是 10℃以上。在四川地区，可在 2 月中下旬播种。为了节约劳动力和时间，同时也考虑到用种量太大，因此不另行催芽。大棚冷床姜芽的播种方法与锅炉循环供热温床生产姜芽的播种方法相似。播种前，开挖深 30cm、宽 1～1.2m 的定植沟，在定植沟内依次摆放姜种，要求姜种竖放，种芽向上，排种后用 50% 的多菌灵可湿性粉剂 500～600 倍液，或 70% 的甲基硫菌灵可湿性粉剂 600～800 倍液，喷雾消毒灭菌，要求喷雾周到、均匀。喷药消毒后覆表土 5～10cm，全沟覆土完成后再进行下一定植沟的操作。按照此方法渐次进行，直至整块地完成（图 6-30）。

**2. 泼施肥水**

生姜发芽出苗需要适宜的湿度条件，在姜芽出苗后需要从土壤中吸收充足的养分。冷床栽培的时间比温床栽培时间长，所需的肥水更多。在排种覆土之后，每亩施腐熟清粪水 800～1000kg、复合肥 15kg，泼施于土壤表面，以满足姜芽生长对水分和养分的需要。

图 6-30　生产过姜芽的姜种作为老姜销售

**3. 搭建拱棚**

早春时节温度没有达到姜芽生长的适宜温度，必须搭建塑料拱棚，以尽量提高生姜生长的环境温度。为了节约材料，降低成本，一般选择竹木中棚，拱棚的宽度为 5～8m，高度为 1.5m。为了增强保温效果，还要在地表覆盖一层塑料薄膜，或者再覆盖一层人造棉，在姜芽顶土后撤去地表覆盖物，并保留塑料拱棚，让姜苗正常生长。

**4. 肥水管理**

大棚冷床生产的姜芽长出后，一方面需要姜种的养分供给，另一方面也需要吸收土壤中的养分，进行光合作用，为自身提供部分养分。因此在出苗后应进行适当的肥水管理，以满足姜芽的养分供给。姜芽生长的时间比大田生姜栽培的时间短，栽培密度大，因此不宜施用过多的肥料，以免造成肥害，每次进行肥水管理的时候，都要查看土壤墒情和苗情，并根据田间情况，采取“少吃多餐”的原则补充养分和水分，每亩每次用稀释的沼液或腐熟人畜粪水 600～800kg，兑复合肥 5kg，每 15～20 天施 1 次，共施 2～3 次（图 6-31）。

**5. 揭膜遮阴**

在南方多数地区 3 月中旬以后，棚内温度回升较快，有时甚至升至 30℃以上，种植者应注意观察棚内外的温度变化情况，适时揭开拱棚两端棚膜或拱棚裙角通风降温，防止高温灼伤叶片，影响芽苗的正常生长。在 4 月下旬，当气温稳定在 20℃以上，应及时拆除拱棚上的塑料薄膜，并覆盖遮阳网实行遮阴栽培（图 6-32 和图 6-33）。

图 6-31　姜芽冷床栽培

图 6-32　揭开塑料地膜后，姜苗可以直立生长

图 6-33　覆盖遮阳网，防止阳光曝晒伤苗

**6. 适时收获**

大棚冷床栽培的姜芽一般在 4 月以后开始收挖。收获的具体时间主要根据市场情况而定，采收姜芽后用小刀削去茎秆，并摘除老姜，除去细根，在清水中浸泡 1 ~2h 后再进行冲洗、分级，然后及时上市。大棚冷床栽培的后期，气温回升很快，如果收挖不及时，可能导致茎秆疯长，将养分向上转移，姜芽纤维化程度增高，品质下降，因此在姜芽形成后要视市场情况及时收挖，不要拖延太久，避免造成不必要的损失（图 6-34）。

图 6-34 适时收获姜芽，防止姜苗疯长

第七章

# 生姜病虫害防治

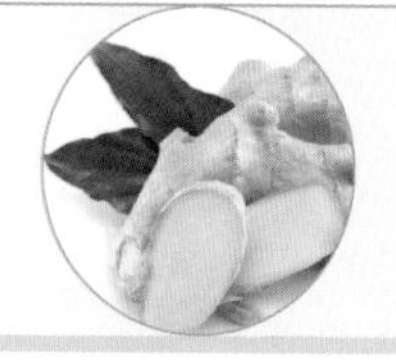

## 一、姜 瘟 病

姜瘟病又称为腐烂病、青枯病、软脚病，是生姜种植过程中发生最普遍、危害最严重的细菌性病害。该病轻则损失10%～20%，重则损失过半甚至绝收。姜瘟病非常难治，因此重点在预防和控制其发生和流行。

**【症状】**姜瘟病主要侵害地下茎及根部，叶片也可染病。根茎（种姜和子姜）最初表面出现水渍状黄褐色病斑，并失去光泽（图7-1和图7-2）。随着病情的加重，内部组织颜色逐步加深（图7-3和图7-4），软化腐烂后手压病部有混浊的白色汁液溢出，且有臭味，最后只剩下皮壳（图7-5）。地上茎染病，植株近地基部分发病时有暗紫色病斑，后变为黄褐色，若不及时拔除，几天就会腐烂倒伏，挤压病茎横切面有白色、混浊、发臭的菌液流出。叶片染病，叶色浅黄，边缘卷曲并逐渐萎蔫，叶缘反卷下垂，2～3天后，叶片由下至上表现出叶缘和叶尖发黄，以后逐渐干枯。姜瘟病发病期可以长达90～120天。

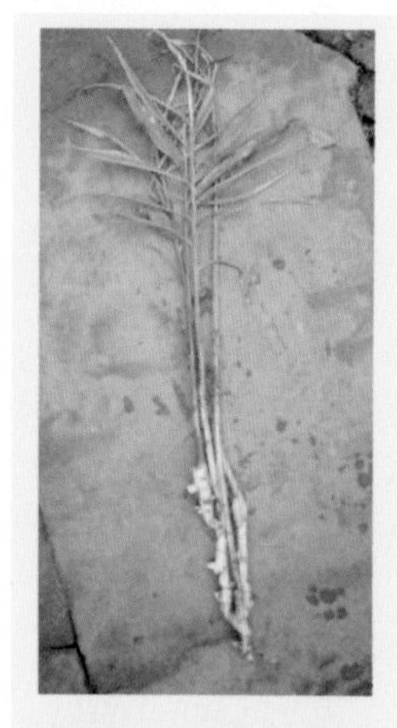

图7-1　姜瘟病病株

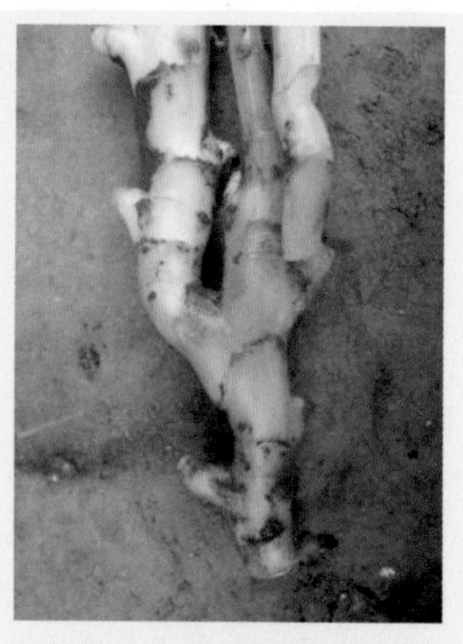

图7-2　姜瘟病在仔姜上的外在表现，呈水浸状

图 7-3　健康生姜的切面

图 7-4　患姜瘟病生姜的切面

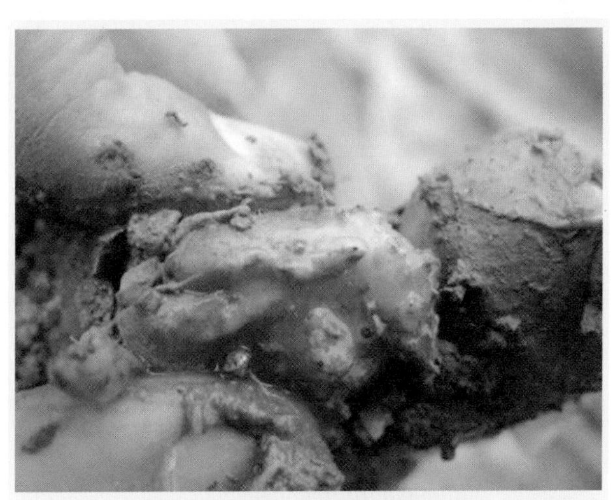
图 7-5　患姜瘟病后期挤压姜块有混浊的白色液体溢出

**【病原】**姜瘟病，属细菌性病害，其致病菌是青枯假单胞菌，此病是一种世界性的土传细菌病害，广泛分布在热带、亚热带和一些气候温暖的地区，可以侵染 44 个科的 400 多种植物，蔬菜作物中除了主要为害生姜外，还为害辣椒、番茄、茄子、烟草、马铃薯等。目前还没有理想的化学防治方法，主要以预防为主。

**【发病规律】**姜瘟病的发生、流行与温度、降雨、土壤、施肥有着密切关系，掌握这些规律有利于姜瘟病的预防和控制。

**（1）温度**　姜瘟病在日平均气温 16℃以下时较少发生，20℃左右时开

始发生，最适气温在25～30℃，因此夏季高温时期是病害迅速发生流行的主要时期。

**（2）降雨** 水是姜瘟病传播的主要介质，姜瘟病发生的早晚和轻重与降雨时期和雨量有直接关系。降雨越早，雨量越大，姜瘟病发生也越早越严重。在夏季，每次降大雨后1周左右，就可能出现1次发病高峰，且雨后气温越高，姜瘟病的蔓延就越快（图7-6）。

图7-6 雨后高温高湿条件下姜瘟病容易发生

**（3）土壤** 姜瘟病的轻重与土壤条件有关。一是重茬田发病较重，二是前作是易感青枯病的辣椒、茄子、马铃薯、番茄、烟草等作物的发病较重，三是土壤有机质含量偏低的发病较重，四是土壤黏重、地势低洼、排水不良的地块发病较重。

**（4）施肥** 偏施化肥，特别是偏施氮肥的地块发病较重。施用了病株残体或带菌的土壤沤制的圈肥发病较重。

**【防治措施】**姜瘟病的防治是一个难题，目前尚未发现有效的药物防治办法，因此应把主要精力放在预防和控制方面。姜瘟病的病原菌主要来自于土壤、种姜和肥水等方面，因此防控主要从这几个方面着手。

**（1）防止土壤传播**

1）避免连作。应选择3年以上没有种植过生姜的地块。姜瘟病是一种普遍发生的病害，一般的姜田或多或少都有发生，姜瘟病病菌（青枯假单胞菌）可在土中存活1～3年，重复种植就可能使土壤中病原菌得到积累，因此生姜应避免重茬种植。

2）土壤消毒。在生姜或其他蔬菜作物集中种植的地区，土壤中或多或少残存有姜瘟病病原菌，要找到没有姜瘟病病原菌的地块是不容易的，采取土壤消毒措施，可以有效预防姜瘟病的发生。现在针对姜瘟病的土壤消毒剂主要有棉隆微粒剂，使用方法可参见本书第一章的相关内容。另外，为了节约成本，对病情较轻的地块也可采用黑白灰消毒，每亩撒施100kg草木灰和50~100kg生石灰，此法对预防和控制姜瘟病有一定的作用。

3）增加有机质。姜瘟病病菌的生存和繁殖需要一定的土壤环境条件，如果我们改变土壤环境条件，就可以抑制本病的发生和蔓延。研究表明，土壤中微生物多样性程度越高，对青枯病的抑制作用就越强。生活在土壤中的微生物主要有细菌、放线菌、真菌、藻类、病毒及类病毒等，增加土壤中的有机质，其微生物数量将会显著增加，这些微生物就会与姜瘟病病原菌形成种间竞争，挤占其生存空间，使之生存受到很大的抑制。根据本书作者的试验表明，在生姜连作地不施有机肥的情况下，姜瘟病的发病率为61.80%，而在同一块地大量施入经过腐熟处理的猪粪、鸡粪情况下（用量为猪粪2000kg/亩，鸡粪1000kg/亩），姜瘟病的发病率降至18.05%。由此可见，有机肥对姜瘟病具有显著的抑制作用。

**（2）防止种姜传播** 种姜带菌是传播姜瘟病的主要途径之一。姜瘟病在田间表现明显，容易识别，因此种姜收获前应在田间认真观察，不要在有姜瘟病发生的土块采挖种姜。对合格种姜实行单收单储，播种前要在翻晒种姜的同时再次进行遴选，剔除带病种姜，杜绝种姜带菌下田。种姜的常用消毒方法有：

1）用72%农用硫酸链霉素可溶性粉剂1000倍液浸种30min。

2）用1:1:200的波尔多液浸种10~20min。

3）用福尔马林100倍液浸种10min。

4）用草木灰2kg加水0.5kg，浸泡后取清液浸种10~20min。

以上消毒方法对于预防姜瘟病的发生有一定作用。

**（3）防止肥水传播** 施入经过腐熟的有机肥，可以增加姜田的养分，但是要特别注意，有机肥中不能有生姜及其他易感青枯病的辣椒、番茄、茄子、马铃薯、烟叶等作物的病残体，否则有机肥就可能成为传播姜瘟病的媒介。生姜种植需水较多，但水又是病原菌的传播介质，有水的参与，病原菌才有可能从生姜植株的气孔、水孔、伤口等处入侵。因此在浇水时要求水源清洁，不能从可能带有病原菌的粪凼、水池中获取水源，确保病原菌不通过水介质进行侵染。此外，还要注意挖好排水沟，防止姜田积水，避免病原菌以积水为介质造成同田病株传播侵染。

**（4）防止株间传播** 生姜在田间遭遇姜瘟病危害后，可作为侵染源对周围的生姜植株通过水的流动及株间接触等方式进行再传播。在夏季姜瘟病高发期，姜植株感染姜瘟病到发病一般只需要6～8天。种植者应随时在田间查看，发现有姜瘟病病株应及时拔除，并带出田间，然后用石灰水进行灌窝处理，防止病情扩大。

**（5）化学防治措施** 发病初期，用72%农用硫酸链霉素可溶性粉剂1000倍液，或50%氯溴异氰尿酸可溶性粉剂1500～2000倍液，或77%氢氧化铜可湿性粉剂400～600倍液，或20%噻菌铜悬浮剂500倍液，或2%春雷霉素水剂500倍液，或30%氧氯化铜可湿性粉剂800倍液喷淋姜根部。以上药剂每周施用1～2次，均有一定的防治效果。

## 二、生姜根结线虫病

**【病原】** 生姜根结线虫病俗称生姜癞皮病，是由根结线虫引发的病害。

**【症状】** 本病自苗期至成株期均能发病，发病植株在根部和根茎部均可产生大小不等的瘤状根结，根结为豌豆大小，有时连接成串状，初为黄白色凸起，以后逐渐变为褐色，呈疱疹状破裂、腐烂。由于根部受害，吸收机能受到影响，生姜生长缓慢，叶色暗绿，植株矮小，分枝减少，对生姜的产量和品质影响较大（图7-7）。

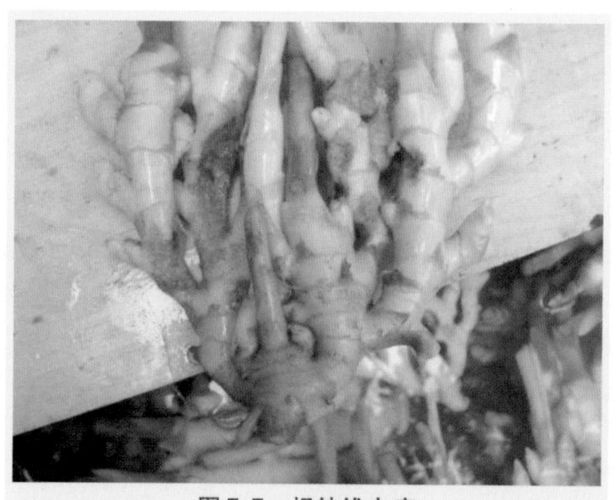

图7-7 根结线虫病

**【发病规律】** 根结线虫在土温25～30℃，并且在土壤干燥的情况下繁殖较快，当温度降至10℃以下时，停止活动，温度升至55℃时死亡。根结线虫在无寄主条件下可存活1年。常以卵或2龄幼虫随植株残体遗留在土壤中或粪肥中越冬，次年环境适宜时，以2龄幼虫从生姜嫩根侵入为害。生姜根结线虫病的传播途径主要是灌溉水、病土及带病种姜等，并且与耕作制度、土质、地势有密切关系。连作期越长的姜田发病越重，地势高燥、质地疏松的沙壤土发病较重；而潮湿、黏重的土壤不利于线虫活动，发病轻。在长期积水的姜田中，线虫难以存活。

**【防治措施】**

1）农业防治。稻田种植最好实行生姜与水稻轮作，种植水稻后根结线虫将被全部消灭。旱地种植的生姜与粮食作物轮作的间隔时间应在2年以上。根结线虫主要分布在土壤表层10cm内，可利用夏季高温采用地膜覆盖、大棚覆盖等方式使土壤温度升至55℃以上，可有效杀灭根结线虫；也可在冬季播种前深翻土地，利用低温冻死部分虫卵和幼虫。

2）增施有机肥。增施有机肥不仅可以保证养分的均衡供给，而且还会使土壤中真菌数量大幅度增加，土壤中几丁质酶的活力也得到了提升，几丁质酶能够破坏线虫的几丁质结构，最终杀灭线虫，因此增施有机肥对线虫起到一定的控制作用，从而可以减轻线虫对生姜的危害。

3）土壤消毒。可用棉隆微粒剂对土壤进行消毒，使用方法可参见本书第一章的相关内容。

4）药剂防治。在种植期，或7月中下旬~8月上旬，视病情进行沟施或穴施杀线虫剂。发病初期，可用生物药剂1.8%阿维菌素乳油1000倍液，或2%的阿维菌素乳油1500倍液灌根，每株100~150mL，间隔10~15天灌1次，在生姜全生育期可灌4次，能有效防治或抑制虫害。

## 三、生姜根茎腐烂病

**【病原】**生姜枯萎病的病原菌为半知菌亚门的尖镰孢菌和茄腐皮镰孢菌，主要为害地下部根茎，造成根茎变褐腐烂，地上部植株枯萎（图7-8和图7-9）。

图7-8　真菌性腐烂病地下茎病状

图 7-9　真菌性腐烂病地上茎病状

**【症状】**生姜根茎腐烂病，又称生姜枯萎病，属真菌性病害。该病与姜瘟病易于混淆，可从以下几个方面进行区分：

1）病原不同，姜瘟病为细菌性病害，而腐烂病为真菌性病害。

2）嗅味不同，姜瘟病根茎病部有明显的臭味，而枯萎病根茎病部有真菌类（蘑菇）气味，且臭味不明显。

3）发病过程不同，生姜枯萎病是从外烂到内，而姜瘟病是由内烂到外。

4）受害姜外观不同，姜枯萎病根茎从土中挖出后，其表面常长有黄白色菌丝体，而单患姜瘟病的生姜上没有菌丝。枯萎病根茎挤压病部渗出清液，而姜瘟病根茎多呈半透明水渍状，挤压病部溢出白色混浊液体。

**【发病规律】**枯萎病以菌丝体随病残体遗落在土壤里，或附着在种子上越冬。带菌的种姜和土壤是次年初侵染源。病菌喜温、湿环境。地势低洼、排水不良、土质黏重或施用未充分腐熟土杂肥的姜田易发病。发病后，病部产生的分生孢子，借雨水和灌溉水传播，由姜块伤口侵入进行再侵染。

**【防治方法】**

1）选择选排水良好地块种植。稻田和平地栽培要深挖排水沟，雨后及时排除田间积水。

2）与粮食作物轮作，最好是与水稻轮作。

3）施充分腐熟的粪肥，并适当增施磷肥、钾肥，以提高植株的抗病能力。

4）发现病株及时拔除，病穴撒生石灰消毒，防止同田侵染传播。

5）播种前用 50% 多菌灵可湿性粉剂 500 倍液，浸种 1～2h，捞出后拌草木灰下种。

6）药剂防治。可在发病初期用 50% 多菌灵可湿性粉剂 500 倍液，或

70%甲基硫菌灵可湿性粉剂800倍液，或10%络氨铜水剂300倍液，或20%噻菌铜悬浮剂500倍液，或2%的春雷霉素水剂500倍液灌根，或喷淋病穴及四周植穴，以防治本病。

## 四、生姜斑点病

**【病原】** 姜斑点病的病原菌为半知菌亚门叶点霉菌。

**【症状】** 姜斑点病主要为害叶片，染病叶片出现黄白色椭圆形或不规则形病斑，中间灰白色边缘褐色，大小为2~5mm。潮湿时病斑上长出分散的黑色小粒点，干燥时病部开裂或穿孔，若许多病斑相连，可使叶片部分或全叶枯干（图7-10）。

**图7-10　斑点病**

**【发病规律】** 病菌以菌丝体和分生孢子器随病残体遗落入土中越冬，第二年在适宜的温、湿度条件下，病原菌的分生孢子借风雨传播至叶片，引起田间发病，发病后病部产生的分生孢子借风雨传播进行再侵染。高温、种植密度大、田间湿度大、雨日偏多等因素均易于引发本病。

**【防治措施】**

1）清理病残体。因病残体是主要的初侵染源，故姜种播前应彻底搞好清园工作。

2）合理轮作，避免连作。

3）防止田间积水。田间湿度大是发病的重要因素，因此应挖排水沟，并在稻田和平地实行高畦栽培。

4）合理施肥。要施足优质有机肥料，避免单独或过量施速效氮肥，适当增施磷钾肥，提高植株的抗病能力。

5）药剂防治。发病初期选用70%甲基硫菌灵可湿性粉剂1000倍液，或75%百菌清可湿性粉剂800～1000倍液，或30%氧氯化铜悬浮剂300～400倍液，或70%的丙森锌可湿性粉剂600倍液，或10%苯醚甲环唑水分散粒剂1500倍液，或80%福美双水分散粒剂1500倍液，或20%烯肟·戊唑醇悬浮剂1000倍液，或75%肟菌·戊唑醇水分散粒剂3000倍液。隔7～8天喷1次，连续喷3～4次。

## 五、生姜纹枯病

**【病原】** 生姜纹枯病是真菌性病害，属半知菌亚门，被称为丝核菌；其有性态为亡革菌，属担子菌亚门。

**【症状】** 生姜纹枯病在幼苗和成株均可发病。幼苗发病，多在幼苗茎基部靠近地际处变褐，引起幼苗立枯而死。成株期发病，叶片上的病斑初时呈椭圆形至不规则形，扩展后，常相互融合成云纹状斑，边缘呈褐色，叶片中央呈浅褐色或灰白色。茎秆发病，湿度大时，在病斑部可见微细的褐色丝状物。块状茎发病，局部变为褐色（图7-11和图7-12）。

图7-11　纹枯病在姜叶片上的表现

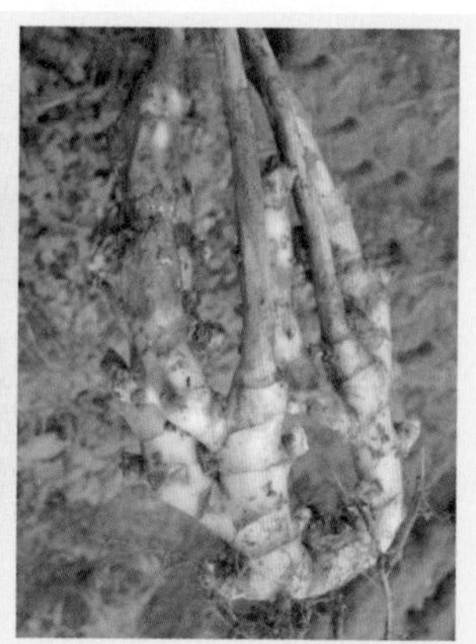

图7-12　纹枯病在肉质茎上的表现

**【发病规律】** 病菌主要以菌核遗落土中或以菌丝体、菌核在杂草等寄主上越冬，次年菌核萌发产生菌丝完成初次侵染，发病后病部产生的菌丝进行再次侵染。雨水、灌溉水、农具等可传播本病。病菌发育适宜温度为

24℃左右。生姜种植密度大，通风、透光不良的姜田发病重；偏施氮肥，徒长严重的姜田发病重；田间湿度大，排水不良的姜田发病重；前作有水稻纹枯病的姜田发病重。

**【防治措施】**

1）田间清理。播种或移栽姜种前，要清除田间及周围的杂草，减少病原。

2）合理轮作。提倡与水稻轮作，但是前作有水稻纹枯病的地块不宜种植生姜。

3）合理施肥。施足充分腐熟的粪肥，切勿偏施氮肥，注意增施磷、钾肥。

4）生姜种植密度不宜太大，避免造成田间郁闭。

5）姜种处理。用80%抗菌剂420水剂5000倍液浸种24h，或用姜种重量0.3%的15%三唑酮可湿性粉剂、50%福美双可湿性粉剂、70%甲基硫菌灵可湿性粉剂拌姜种、50%多菌灵超微可湿粉剂拌姜种。

6）发病初期及时喷布或浇灌20%甲基立枯磷乳油1200倍液，或50%多菌灵可湿性粉剂800倍液，或50%退菌特可湿性粉剂800倍液，或40%菌核净可湿性粉剂1000倍液，或10%立枯灵悬浮剂300倍液，或25%戊菌隆可湿性粉剂2000倍液，或20%烯肟·戊唑醇悬浮剂1000倍液，或2%甲硫·霉威水剂250倍液，或50%甲砷铁铵水剂500倍液，或75%肟菌·戊唑醇水分散粒剂3000倍液进行防治。

## 六、生姜炭疽病

**【病原】**引发该病的病原为半知菌亚门的辣椒刺盘孢菌和盘长孢状刺盘孢菌。

**【症状】**该病主要为害叶片。发病时多先自叶尖、叶缘出现病斑，后向下、向内扩展。病斑初时为水渍状褐色斑点，扩展后病斑近圆形、棱形或不规则形，边缘呈黄褐色，中央呈灰白色。姜田湿度大时，叶片表面出现小黑点。发病严重时，数个病斑连合成斑块，叶片变褐干枯（图7-13）。

**【发病规律】**病菌以菌丝体和分生孢子盘在病部或随病残体遗落土中越冬，在南方地区分生孢子终年存在，在姜、辣椒、茄子、番茄等作物上辗转为害，只要遇到合适寄主便可侵染。病菌分生孢子在田间借风雨、昆虫传播。病菌发育适宜温度为25～28℃，适宜相对湿度为90%以上，在此条件下易暴发流行。

图 7-13　炭疽病发病症状

【防治措施】

1）合理密植，避免田间郁闭为病菌传播创造条件。

2）施足腐熟有机肥，增施磷、钾肥，避免偏施氮肥，以促进植株健壮生长。

3）排出积水。种植前要挖好排水沟，避免田间积水。

4）田间清理。发病初期及时摘除病叶，将其深埋或烧毁，生姜收获后彻底清除病残体并集中烧毁。

5）药剂防治。发现病株立即喷布药剂防治，可选用 40% 多 · 硫悬浮剂 500 倍液，或 30% 氧氯化铜悬浮剂 800 倍液，或 50% 苯菌灵可湿性粉剂 1000 倍液，或 77% 氢氧化铜可湿性微粒粉剂 800 倍液，或 25% 溴菌腈可湿性粉剂 500 倍液，或 45% 咪鲜胺水乳剂 3000 倍液，或 10% 苯醚甲环唑水分散粒剂 1500 倍液，或 80% 福美双水分散粒剂 1500 倍液，或 20% 烯肟 · 戊唑醇悬浮剂 1000 倍液，或 75% 肟菌 · 戊唑醇水分散粒剂 3000 倍液。几种药剂交替使用，间隔 7 天喷布 1 次，连续 2 ~ 3 次。

## 七、生姜病毒病

【病原】生姜病毒病的主要病原有黄瓜花叶病毒和烟草花叶病毒。

【症状】该病主要为害叶片，发病之初生姜出现“花叶”；严重时植株生长缓慢，叶片皱缩，影响生姜产量和品质。生姜病毒主要来自两个途径，一是生姜由于生产上长期采用无性繁殖，种姜内的病毒逐年积累而为害，二是蚜虫为害时传播病毒（图 7-14）。

图 7-14　生姜花叶病毒病的田间症状

**【防治措施】**对生姜病毒病，目前还没有特别有效的药剂防治方法，因此防治生姜病毒病的方法主要是防止和减少病毒侵入。

1）采用脱毒种姜。脱毒苗具有生长快、长势旺、茎叶粗壮、根深叶茂、抗病耐高温、抗逆力强等特点，产量比未脱毒的品种增产在 50% 以上。一次引种可以连续应用 3 ~ 5 年。

2）防治蚜虫。采用黄板诱杀和药剂防治姜田害虫。黄板诱杀是利用部分害虫对鲜艳的黄色有较强趋性的习性，设置黄板诱杀蚜虫（图 7-15）。其

图 7-15　黄板诱杀蚜虫等害虫

方法是，将黄板固定在竹竿或木棍上，插在姜田上方高出姜苗20cm处。药剂防治，可在蚜虫的初发阶段选用3%啶虫脒1000倍液，或25%联苯菊酯乳油2000倍液，或2.5%三氟氯氰菊酯乳油4000倍液，或70%吡虫啉水分散粒剂10000～15000倍液，或10%吡虫啉可湿性粉剂3000倍液，或20%丁硫克百威乳油1500倍液，或1%印楝素水剂800倍液，或25%噻嗪酮水分散粒剂5000倍液，或25%吡蚜酮悬浮剂2500倍液交替防治，可有效地预防蚜虫发生。

3）药剂调理。姜感染病毒病后很难根治，但在发病初期可及时喷布20%吗胍·乙酸铜可湿性粉剂500倍液，或5%菌毒清水剂600倍液，或0.5%氨基寡糖素水剂800～1000倍液，以上几种药剂需与植物生长调节剂配合使用，隔5～7天喷1次，连续2～3次，效果较好。

## 八、高温失绿症

**【症状】**高温失绿症是南方地区的生姜普遍发生的一种生理性病害，在高温和强日照条件下发生。生姜茎叶生长以20～28℃较为适宜，但在夏季气温超过30℃时，加之遭遇强光照，生姜叶片即开始发黄，长势不旺，叶片中叶绿素减少，严重时影响植株正常生长，导致植株矮小，甚至枯萎（图7-16）。

图7-16　高温失绿症的姜田表现

**【防治措施】**高温失绿症主要是由于生长环境恶化造成的，通过调节温度和光照来改善生姜的生长条件，可使其恢复正常生长。

1）搭建遮阳网，适度降低光照强度和生长环境温度。

2）与高秆作物间套作，通过高秆作物起到遮阴、降温的作用。

3）喷施叶面肥，如植保素、四效王、济农经典、济农新广普等复合型水溶性叶面肥，以1000～1500倍液进行叶面喷施，有一定效果（图7-17和图7-18）。

图7-17　用遮阳网覆盖姜田，防止高温失绿

图7-18　与高秆作物间套作遮阴防止高温失绿

## 九、新叶扭曲症

【症状】在生姜生长前期，姜苗有生理性卷叶和扭曲现象，新生叶片

伸展困难，下部叶片包裹上部叶片。形成卷叶扭曲现象的原因很多，一是由于姜种块小，养分供给不充分；二是土壤干旱，水分供给不充分；三是地下害虫为害影响养分和水分向上供给；四是施用了未腐熟的农家肥造成肥害，影响植株的正常生长（图 7-19）。

图 7-19　新叶扭曲

**【防治措施】** 发现植株卷叶扭曲，要针对不同的病因对症处理。无论何种原因导致的生理性卷叶，可喷施生长调节剂［0.136% 赤・吲乙・芸薹可湿性粉剂（碧护）20000 倍液］，也可喷施芸薹素内酯或植保素等叶面肥料，以增强植株生长力，一般症状都会缓解。另外，手工剥开叶片，也有较好的效果。

## 十、姜　螟

**【为害特点】** 姜螟又名钻心虫、玉米螟，是为害生姜的主要害虫，它的食性很杂，不仅为害生姜，而且为害玉米、高粱、茄子等 20 多种农作物。为害生姜时，以幼虫咬食嫩茎，钻到茎中继续为害，故又叫钻心虫。姜螟从生姜出苗至收获前均能造成危害，姜螟咬食生姜植株后，茎秆空心，使水分及养分运输受阻，导致姜苗上部叶片枯黄凋萎，茎秆易于折断。田间调查时可以清楚看见上枯下青的植株即可确定是姜螟为害。这时找出虫蛀口，剥掉茎秆，一般可见到正在取食的幼虫。幼虫体长 1 ~ 3cm，3 龄前幼虫呈乳白色，老熟时呈浅黄色或褐色。姜螟在长江流域每年发生 2 ~ 4 代，在广东地区每年发生 5 ~ 7 代（图 7-20 ~ 图 7-22）。

图 7-20　姜螟幼虫

图 7-21　受姜螟为害的茎叶

图 7-22　姜螟蛀孔

**【防治方法】**

1）药剂防治。该幼虫在 2 龄前的抗药性最弱，以“治早治小”为原则，适时进行喷药防治。可选用 10% 阿维・氟酰胺悬浮剂 1000 倍液，或 40% 氯虫・噻虫嗪水分散粒剂 3000 倍液，或 20% 氯虫苯甲酰胺悬浮剂 3000 倍液，或 10% 四氯虫酰胺悬浮剂 1000 倍液喷雾防治。以上几种药剂交替使用，效果更好。

2）人工捕捉。由于该虫钻蛀为害姜田，而老龄幼虫抗药性较强，采用药剂防治效果不佳，可采用人工捕捉的方法。一般会在早晨发现田间有被钻蛀的植株，找出虫蛀口，剥开茎秆即可找到幼虫，将其捕杀。

## 十一、蛴　螬

【为害特点】蛴螬即金龟子幼虫，主要为害生姜的地下茎。经蛴螬为害的植株，在苗期就生长不良甚至死亡；在生长盛期则影响生姜的产量和品质。由于蛴螬具有移动性和群集性特点，防治较为困难。蛴螬在沙壤土为害较重，在黏重土为害较轻；前茬作物为根茎类作物，如土豆、甘薯等的姜田受害较重；大量使用未腐熟农家肥的，受害较重；周围有林木（金龟子越冬场所）的姜田受害较重，7～8月雨水偏多的年份受害较重（图7-23和图7-24）。

图7-23　蛴螬幼虫

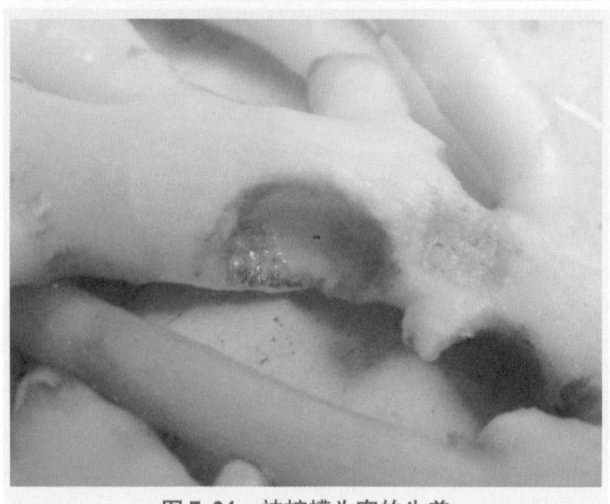

图7-24　被蛴螬为害的生姜

【防治方法】

1）农业防治。实行合理轮作，在有条件的地方最好实行水、旱轮作。使用充分腐熟的有机肥，不给蛴螬提供食物来源。提倡使用复合肥，尽量不单施氮肥，以促进植株健壮生长，提高抵御虫害的能力。

2）人工防治。在前作收获和整地时，及时杀灭土中蛴螬。可利用多数金龟子对糖醋液具有趋向性的特点，配制糖醋液挂罐诱杀。糖醋液配方为糖1份、醋3份、水16份，配好后放入容器内，在成虫活动频繁期挂在树枝上将其诱杀。

3）化学防治。一是土壤处理。每亩用10%毒死蜱颗粒剂2~3kg，或10%吡虫啉可湿性粉剂25g，或50%辛硫磷乳油1kg，拌细沙土20kg，均匀撒施后进行耘耙。二是药剂拌种。用60%的吡虫啉悬浮种依剂30mL，兑水1.5kg，拌姜种100~125kg，晾干后再播种，可有效地防止蛴螬为害。三是在6~7月蛴螬孵化盛期和低龄幼虫期，及时施药防治。每亩用10%吡虫啉可湿性粉25g，或48%毒死蜱乳油50g，加水40~50kg，用旋下喷头的喷雾器灌根；也可每亩用10%吡虫啉可湿性粉25g，或48%毒死蜱乳油1500g，加细沙土20kg，拌匀后开沟穴施。

## 十二、小地老虎

【为害特点】小地老虎又称地蚕、土蚕，是为害生姜的重要害虫之一。在生姜幼苗期和旺盛生长期都可为害。小地老虎成虫呈深褐色，幼虫呈灰黑色。其生长世代重叠，长江流域每年发生4~5代，华南地区每年发生6代。成虫夜间活动、交配产卵，卵多产在5cm以下的小杂草上。成虫对黑光灯、糖、醋、酒等有较强的趋性。3龄前幼虫为害不大，3龄后白天在土表中潜伏，夜间出来为害，咬食姜苗。老熟幼虫有假死性，受惊缩成环形。小地老虎喜欢温暖、潮湿的环境，若姜田周围杂草多、蜜源植物多，会助其生长，导致姜田严重受害（图7-25）。

【防治方法】

1）清除田边杂草，以防小地老虎成虫产卵。

2）用诱虫灯、糖醋液等诱杀成虫。糖醋诱杀剂按照糖6份、醋3份、白酒1份、水10份、90%敌百虫晶体1份的比例调匀，撒于田间，可诱杀成虫。

3）在生姜播种前，可将小地老虎爱吃的莴笋叶、苜蓿等堆放田边，诱杀小地老虎幼虫。

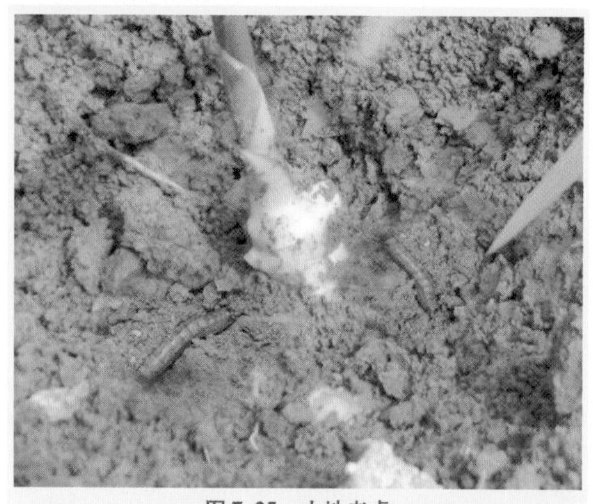

图 7-25 小地老虎

4）药剂防治。可用 90% 敌百虫晶体 1000 倍液，或 50% 辛硫磷乳油 800 倍液，或 20% 青成菊酯乳油 3000 倍液，或 2.5% 溴氰菊酯乳油 1500 倍液，或 10% 氯氰菊酯乳油 1000 ~ 1500 倍液，或 2.5% 三氟氯氰菊酯乳油 2000 倍液，或 10% 顺式氯氰菊酯乳油 1500 倍液，于小地老虎 1 ~ 3 龄幼虫期，全株喷雾防治。

5）人工捕杀。在小地老虎 3 龄之后，采用药物防治效果较差，可以采取人工捕杀的方法灭虫。在每天早晨顺姜苗被害处翻土捕捉，消灭老熟幼虫。

## 十三、蝼　　蛄

**【为害特点】** 蝼蛄属直翅目蝼蛄科，杂食性害虫，以成虫或若虫取食姜芽、姜的根系和嫩茎，造成缺苗现象（图 7-26）。

**【防治方法】**

1）农业防治。实行水、旱轮作，深耕多耙，施用充分腐熟的有机肥。

2）人工诱杀。利用蝼蛄对香味的趋性，可在田间撒施毒饵，具体做法是先将饵料（豆饼、碎玉米粒等）炒香，用 90% 晶体敌百虫 30 倍液拌匀，每亩放 1.5 ~ 2.5kg。

3）拌种驱虫。在栽种姜种时，用 60% 的吡虫啉悬浮种衣剂 30mL，兑水 1.5 ~ 3kg，拌种姜，晾干后再播种，可有效驱避蝼蛄。

图 7-26　蝼蛄

4）化学防治。每亩用 50% 辛硫磷乳油 1 ~ 1.5kg，掺干细土 15 ~ 30kg，充分拌匀，撒于姜田，或开沟时施入土壤中，或在虫害发生时的傍晚，用 50% 的辛硫磷乳油 2000 倍液，或 2.5% 溴氰菊酯乳油 1500 倍液，或 20% 氰戊菊酯 1000 倍液，或 2.5% 三氟氯氰菊酯乳油 2000 倍液，或 10% 顺式氯氰菊酯乳油 1500 倍液，喷施于植株根周围的土壤上，可有效杀灭害虫。

第八章

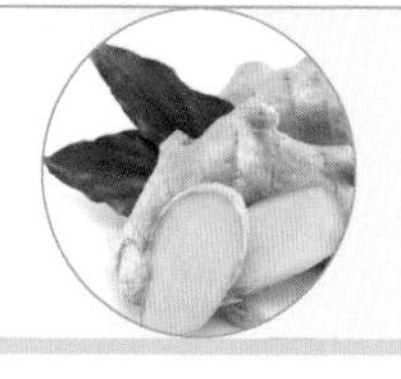

# 克服生姜连作障碍

生姜连作障碍是指在同一地块连年种植生姜而导致病虫害加重、土壤营养失衡、产量和品质明显下降的现象。连作障碍现象在农作物种植过程中普遍存在，但生姜连作障碍更为明显。为了克服生姜连作障碍，要求实行轮作，或者实行有条件的连作。

## 一、实行轮作的方法

克服生姜连作障碍的最佳方法是轮作。在种植生姜之后，用2～3年时间改种粮食或其他蔬菜作物（不可种植辣椒、茄子、番茄、烟叶等可能带青枯病菌的作物）。在相隔3年以后，再种植生姜。通过轮作可使病菌失去寄主，或因生活环境的改变，达到消灭或减轻病虫害的目的。同时，轮作可改善土壤结构，充分利用土壤肥力和养分。

轮作的方式包括水旱轮作和旱地轮作两种。种植生姜后种植水稻，土壤长期淹水，可使土壤中好气性有害病菌和地下害虫被杀灭或大幅度减少，种植水稻后，可有效防止生姜病虫的严重为害。水稻和其他作物吸收土壤中养分的种类和数量与生姜有区别，因此在实行轮作后，生姜所需的养分不会大量缺失，可实现生姜养分均衡供应。水旱轮作是姜田轮作的最佳方式，其次是旱地轮作。在种植生姜后，在旱地改种2～3年粮食或其他作物，可以有效克服生姜连作障碍。尽管生姜和其他作物有些病虫是共同的，例如，玉米纹枯病和生姜纹枯病是同一病原菌，玉米螟与姜螟是同一虫害，但轮作会使共同的病虫大幅度减少。多数病虫由于没有固定的寄主而迁移或死亡，为以后生姜实行无害化栽培创造了条件（图8-1和图8-2）。

## 二、实行连作的方法

实行轮作可以有效克服连作障碍，减少病虫害，使养分得到均衡供给，稳定和提高生姜产量和效益。生姜连作也需要在满足部分条件的情况下才可以连作。下面介绍3种在同一块地连续种植生姜的模式。

图 8-1 同一地块，水稻与生姜轮作

图 8-2 同一块地，生姜与其他作物轮作

图 8-3 稻姜连作

**1. 稻田连作**

春季在稻田种植大棚生姜，6 月底收挖生姜后灌水整田，栽插事先育好的晚稻秧苗。水稻收获后放水开沟，准备第二年的生姜栽培。这种循环往复的生姜连作方式，可以持续 3 ~5 年，最长的连作时间可达 8 年。由于生姜大棚栽培时间较早，避开了姜瘟病的高发时段，因此姜瘟病不会发生严重为害。生姜收挖后放水栽培晚稻，使田中的病虫大幅度减少或淹灭。在栽培生姜之前，适量补充农家肥和油枯，可以使养分平衡供给。因此，稻田种姜是生姜最好的连作方式（图 8-3）。

**2. 关水淹田**

在稻田里采用水稻和生姜连作的方法可以有效克服生姜连作障碍，但如果生姜收挖时间太迟，就会影响水稻的适时栽插，最后影响水稻产量。如果生姜收挖时间太早，产量则会受到影响。6 月底开始，生姜进入旺盛生长期，如果我们将生姜收挖时间推迟，产量将会明显增长。挖姜后不栽水稻，只关水淹田，同样可以杀灭田中病虫害，达到克服生姜连作障碍的目的。这样做的好处是生姜栽培有非常充裕的时间，既可以实行大棚栽培，又可以实行露地栽培。生姜露地栽培可迟至 9 ~ 10 月收挖。在收挖后及时清除田间生姜枝叶残体，在土表撒施生石灰消毒，并及时整理田埂，查漏补缺，然后放水淹田。从收挖生姜后关水淹田，到第二年开始整地，时间达 100 天以上，完全可以达到杀灭田中病虫害的目的（图 8-4）。

图 8-4　关水淹田

**3. 早播休耕**

在春季种植生姜，夏季收获生姜，然后休耕，不种任何农作物；第二年再在同一块地春种夏收生姜，然后又实行休耕，这样循环往复，可以连续种植4~5年。生姜要求实行催芽早播，拱棚保温覆盖栽培，6月中下旬开始陆续采收上市，在夏季姜瘟病发生高峰期到来之前采收完毕。至下一季播种之前保持姜田休耕状态，不栽种其他任何农作物，让土壤休养生息。实践证明，收获生姜后再播种其他农作物，将使第二年的生姜品质变差、产量下降、抗性减弱，得不偿失。在休耕期间要及早进行翻耕，深度要求在35cm以上，利用高温强光曝晒姜田土壤的方式，杀灭土壤中的病虫害，同时土壤的自然风化，创造了有利于根系生长的疏松土壤，促进矿质营养元素释放，改善土壤理化条件（图8-5和图8-6）。

**图8-5 夏季收获生姜**

**图8-6 收获生姜后不再种植任何作物**

第九章

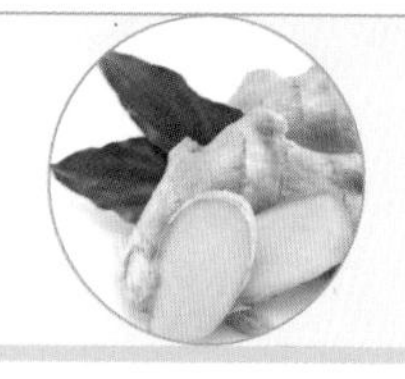

# 生 姜 储 藏

可供储藏的生姜主要包括种姜、老姜、加工姜和菜用鲜姜等，储藏时间多为3~5个月。一般来说，储藏时间越短，其储藏方式就越简单；储藏时间越长，对储藏条件的要求就越严格。生姜储藏应根据储藏的目的因地制宜地选择适当的储藏方式。

## 一、生姜储藏的基本要求

### 1. 对生姜的要求

需储藏的生姜应在叶片开始枯萎（霜降）之前收获，要求根茎充分成熟、饱满、坚挺，且表面呈浅黄色至黄褐色。储藏用生姜如果收获太早，姜太嫩，不仅影响产量，而且由于含水量较高，耐储性降低，储藏品质变差。储藏用生姜也不宜过迟采收，过迟采收易在田间遭受冻害，影响安全储藏。储藏生姜不要在雨天和雨后收挖。姜采收时，要尽量减少机械损伤，表皮剥落，发芽、皱缩、软化的姜块不适于储藏。用于储藏的姜块不宜在田间过夜，以免遭受霜冻、雨淋等意外情况，降低耐储性。最好是在天气晴朗、土壤干燥时采收，此时泥土易脱落，便于识别生姜是否有病变或损伤。储藏前，选姜是保证安全储藏的重要环节。要将病变姜、机械破损姜全部剔除，防止病伤姜在储藏期间成为传染的病源（图9-1和图9-2）。

图9-1　成熟的姜耐储性强

图 9-2　嫩姜耐储性较差，不宜长期储藏

**2. 对温、湿度的要求**

生姜储藏对温度的要求较为严格，最适宜温度为 12～15℃。储藏温度在 10℃以下，生姜会受冷害，特别是种姜，如果受冻，将对发芽率产生很大的影响；储藏温度若超过 15℃，则生姜易发芽，并引发病害。生姜储藏的适宜相对湿度在 90% 及以上。若相对湿度低于 75%，生姜易失水干缩，特别是菜用鲜姜、加工姜等，失水干缩会直接影响其商品价值（图 9-3）。

图 9-3　温、湿度条件应符合要求

**3. 对填充料的要求**

储藏生姜的填充料主要有河沙、风化细沙和细泥土等。这 3 种填充料各有其特点，河沙的比重大，热容量大，空气通透性好，经济实惠，无病

无虫。玄武岩、页层岩等风化细沙也是很好的填充料，风化细沙来源广泛，经济实惠，通透性好，吸湿保湿性能优于河沙。细泥土取材方便，吸湿保湿性能强，来源广泛，但不可采用姜田的泥土，防止土传病害侵染。曾经作过生姜填充料的河沙、风化细沙和细土不可再作填充料。填充料的水分要求为5%左右。干燥的填充料，每1000kg添加50kg清水，为了防止填充料带病菌，可同时对填充料进行消毒处理。每1000kg的填充料加100倍的高锰酸钾溶液50kg，调拌均匀后堆闷72h，可以起到补水和消毒的双重作用（图9-4～图9-6）。

图9-4　河沙填充料

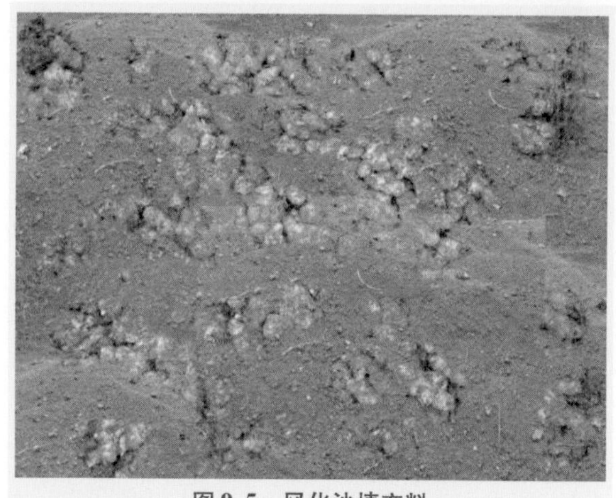

图9-5　风化沙填充料

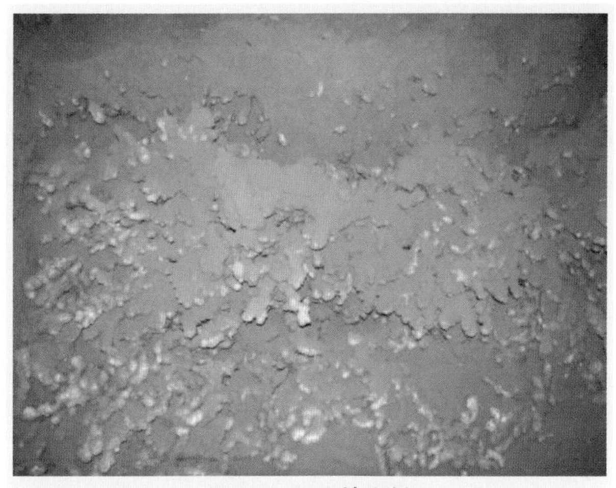

图9-6 泥土填充料

## 二、生姜储藏的方式

**1. 坛形窖储藏**

坛形地窖深1.8～2m，最大直径2m左右，上小下大如坛形，每立方米可储姜块250～300kg。主要是根据地理位置和生姜储藏量决定地窖的大小（图9-7）。

图9-7 坛形地窖

**2. 卧式窖储藏**

卧式窖为长方形地窖，深1.8～2m、宽1.6m，长度根据储姜量而定。

卧式窖分为全地下式和半地下式，全地下式就是把挖窖的泥土全部搬离，窖口与地面平齐；半地下式就是将挖窖的泥土作地上部分的窖壁，以节约劳动力、减少建造成本。本法适宜在地下水位较高的地区采用。卧式窖底部需挖深30cm、宽30cm的渗水沟，用于蓄水和排水，渗水沟上需铺设竹片，将储藏姜与渗水沟隔开。姜窖干燥时可往渗水沟内注水，提高窖内湿度；窖内如出现渗水，可通过水沟下渗，不至于造成积水为害。卧式地窖上面搭建塑料拱棚，用以保温防雨（图9-8～图9-10）。

图9-8　卧式窖用塑料拱棚覆盖保温防雨

图9-9　卧式窖底部需挖水沟

图 9-10 覆盖 10cm 以上的谷草保温防冻

**3. 洞窖储藏**

在山区和丘陵地区，可选择避风、向阳、干燥、土质坚实、地下水位较低、无地表径流通过的地方挖掘洞窖。洞窖冬暖夏凉，温、湿度较为稳定，而且不占土地，可根据储藏量和地势、土质等因素挖掘洞窖。洞窖窖口不宜太大，高度为 100cm 左右、宽 50～60cm，然后根据储藏量和地质条件将窖扩展成为高 1.6～2m、宽 2～3m、进深 3～4m 的洞窖，按照每立方米储藏 600kg 生姜计算，此单室窖可以储藏生姜 5000kg（图 9-11）。

图 9-11 洞窖

**4. 山洞储藏**

很多自然形成的山洞能够满足生姜储藏所需的温度和湿度条件，可以因地制宜加以利用，但并不是所有的山洞都适宜储藏生姜。有的山洞洞顶滴水和地表渗水，直接造成储藏姜严重腐烂，因此此类山洞应避免采用。

如果只是少量渗水，可以在地上铺设一层竹筒或木板，再垫10cm以上的填充料，将储藏姜与地表隔离开来，避免积水（图9-12）。

图9-12 山洞储藏种姜可以不用填充料

**5. 室内堆藏**

在储藏量较大，储藏时间不长的情况下，可选择室内堆藏。冬季温度较低，室内堆藏的姜须用草包或草帘或塑料薄膜覆盖，以防生姜失水萎蔫和低温冷害。室内堆藏生姜，可将其置于塑料网袋或竹筐或塑料筐中堆码存放，如果散放，需添加河沙或风化细沙或细泥土等填充物，而且生姜不宜堆得太高，一般不超过1.5m。塑料网装或筐装的生姜有足够的通气空间，可以不用通气簇。散放生姜相互之间的空间很小，容易发热，因此堆内应均匀放入若干用稻草扎成的通气簇，以利于通风透气。室内堆藏的温度控制在18～20℃。如室内温度过高，可减少覆盖物，以散热降温；当气温下降时，可增加覆盖物保温（图9-13）。

**6. 冷藏库储藏**

冷藏库由具有良好隔热保温效果的库房和制冷设备组成。冷藏库通过制冷设备，使库内温度按要求进行实时调节，保持稳定适宜的低温，为鲜姜储藏提供理想的环境条件。冷藏库应在生姜储藏前提前开机降温，使库内温度维持在10℃左右。姜块入库后先散放预储24～48h，再装入无毒聚氯乙烯保鲜袋中，然后装入塑料筐或竹筐或纸箱上架储藏。生姜入库15天内将库内温度控制在17℃，以后每7天温度下降1℃，45天左右库温控制在13℃左右，即可完成生姜愈伤过程，进入恒温储藏阶段（图9-14）。

图 9-13 室内堆藏

图 9-14 冷库储藏内部情形

## 三、储前消毒灭虫

新挖掘或新设立的生姜储藏场地不需要进行消毒灭虫处理，但以前储藏过生姜、红薯或土豆的地窖等储藏场地，在生姜入储前，应对储藏场所进行消毒灭虫处理。

**（1）火烧烟熏** 可就地取材，在窖内堆积干燥的枯枝树叶进行火烧烟熏以杀虫灭菌，然后将余烬铺在窖底，可以起到隔离病虫的作用（图 9-15）。

图 9-15　火烧烟熏，杀虫灭菌

**（2）铲窖壁**　储藏过生姜或其他农产品的地窖，其窖壁、窖底可能隐藏了有害病虫，在生姜入储前可铲除一层窖壁和窖底的泥土，再撒上生石灰或草木灰，可有效防除窖壁泥土里的病虫为害生姜。

**（3）化学防治**　防治窖内病菌，可在生姜入储前 1 周，用 50% 的多菌灵可湿性粉剂 500 ~ 600 倍液，或 70% 的甲基硫菌灵可湿性粉剂 600 ~ 800 倍液喷雾，要求喷雾要周到、均匀。另外，还可用 50% 的辛硫磷乳油 2000 倍液，或 2.5% 溴氰菊酯乳油 1200 倍液，或 20% 氰戊菊酯 1000 倍液，喷施于窖壁和窖底，要求喷雾要周到、均匀，再密闭 3 ~ 5 天即可，化学防病和防虫同时进行。

## 四、生姜窖储的方法

生姜入窖作业以晴天为好，储藏场地若有少量渗水，可先铺一层竹筒或竹片，以防渗水。若窖内过于干燥，放姜前可用喷雾器在窖底和窖壁喷水，或直接在窖内泼水，提高窖内空气的相对湿度（图 9-16）。补水后，在窖底部铺 10cm 的湿沙或其他填充物，然后放姜。要求姜块摆放整齐、紧凑，摆放时要尽量轻拿轻放，不要碰伤姜块。生姜对储藏的环境条件要求较高，储藏期间怕高温又怕低温，怕潮湿又怕干燥。储藏时间较短的，可不用填充料；储藏时间较长的，应使用填充料，以提高储藏姜的安全性。填充料有保温、保湿、吸热，吸湿的作用，使储藏条件处于相对稳定的状态。填充的方法是，在摆放生姜前先铺设 10cm 填充料，然后开始摆放生姜，再铺加填充料，把

姜块之间的空隙充分填满，一层姜一层填充料。填充料的多少主要由储藏时间的长短决定，储藏时间短，填充料可适当少些，储藏时间长则填充料适当多些，填充料厚度为3～5cm。存姜时不要在姜堆上踩踏，以免姜块破碎。姜堆最上层覆盖20cm以上的谷草，以利于保温、保湿（图9-17）。

图9-16 储藏前泼水增湿

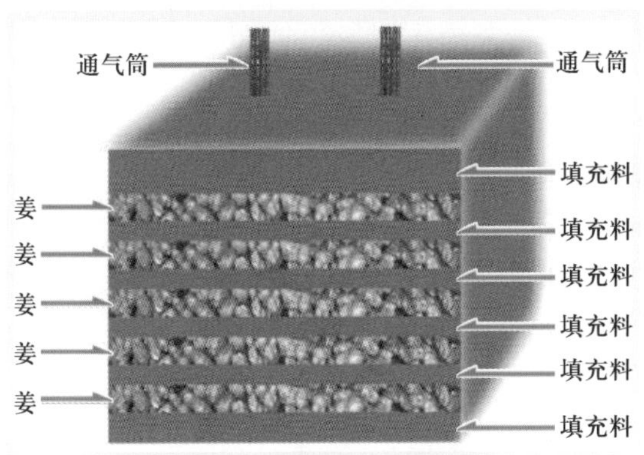


图9-17 储藏姜填充示意图

## 五、储藏期间的管理

**(1) 温度管理** 生姜储藏的适宜温度为12～15℃，但在储藏前期（愈伤期）的温度允许达到25～30℃，因为生姜在收挖过程中形成了很多伤口，在储藏前期生姜有一个伤口自愈的生理过程。在此过程中生姜

会释放热量，致使姜堆发热，储藏温度会持续保持较高水平。此期温度管理的重点是，注意储藏场地的通风降温，覆盖物不要太厚，将温度控制在30℃以下，防止高温烧芽或引发病害。经30～40天后，生姜伤口自愈，姜堆内温度逐渐降至15℃时，姜颜色变黄，具有香气并有辛辣味出现，说明后熟阶段完成。此后，温度可长期维持在12～15℃。在储藏期间，要经常查看姜堆上的温度计，在寒冷的冬季发现储藏温度降至12℃以下时，要增加覆盖物，提高储藏温度，防止低温冷害；在开春后，储藏温度回升到15℃时，可适当揭开覆盖物通风降温，防止生姜过早发芽或引发病害。

**（2）湿度管理** 生姜储藏既怕干又怕湿，在储藏前要检查储藏场地是否渗水漏雨，如果发现渗水漏雨而无法补救，应另外选择储藏地，避免生姜大量腐烂。生姜储藏适宜空气相对湿度为90%～95%，地下储藏的湿度能够达到要求，但地上储藏的湿度不易达到，特别是在开春后，气温逐步升高，生姜生理活动加剧，失水较多，应及时补充水分。可采用喷雾器在姜堆的填充物和覆盖物上喷水，或向窖底渗水沟灌水，提高储藏环境的空气湿度。

**（3）储藏期间的病害防治** 储藏期间的病害防治可采用调节储藏场地的温度和湿度的方法来进行预防和控制，而不适宜采用化学药剂进行处理。

1）冷害。冷害是生姜储藏期间由低温引起的生理性病害，生姜储藏的适宜温度为12～15℃，低于10℃容易引发冷害。生姜储藏期间冷害的表现为生姜表面渗水，然后逐步变质腐烂（图9-18）。

图9-18 储藏生姜冷害症状

防治方法：注意观察储藏场地内外的温度变化，发现储藏场所的最低温度降至10℃以下时，要及时关闭通风口，暂时停止通风降温，并增加填充物或草帘、稻草或塑料薄膜等覆盖物的厚度，提高储藏场地的环境温度。

2）真菌性霉腐病。在储藏期间，生姜表面出现黑色或白色的霉变菌丝，生姜由硬变软，逐步腐烂，主要是由于块茎受伤或储藏场地消毒不严，或储藏环境湿度太大，或因积水等因素所致，随着病情的发展，霉菌逐步向内渗透，最终导致储藏生姜腐烂变质，失去发芽能力，或不能食用。

防治方法：一是在入储前剔除病伤姜块；二是加强储藏场所的消毒灭菌工作；三是储藏期间及时检查，如发现储藏所有雨水渗漏或底部有积水，应及时翻窖清仓，剔除病变姜块，修缮储藏场地，防止霉腐病蔓延（图9-19）。

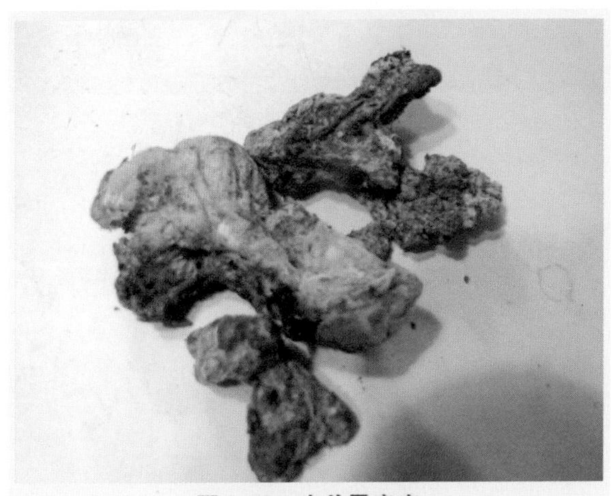

**图9-19　生姜霉腐病**

3）细菌性腐烂病。生姜的细菌性病害主要是姜瘟病，姜瘟病不仅是生长期的重要病害，而且是储藏期的重要病害。在储藏过程中，一旦条件适宜，姜瘟病就会逐步传染蔓延。病姜姜块灰暗无光泽，切开有黑心，颜色越深，病情越重，储藏后很快就会变质腐烂。

防治方法：一是及早剔除姜瘟病或疑似姜瘟病的姜块。姜瘟病田间表现易于识别，主要表现为姜苗变黄植株矮化。感病晚期姜块无光泽，有黑心，应在收挖和入储前予以剔除，不要带入储藏场地；二是保持储藏所低温的环境条件。姜瘟病的病原菌（青枯假单胞菌）在16℃以下时繁衍受到抑制，20℃左右时开始活跃，最适宜温度为25～30℃，因此，保持储藏场地适宜的低温是控制姜瘟病扩展的最佳办法；三是控制湿度。生姜储藏适宜的相对湿度为80%～90%，如果遭遇雨水渗漏，或地下有积水，将加剧姜瘟病的扩散（图9-20）。

图9-20　储藏姜的细菌性腐烂病

# 附　　录

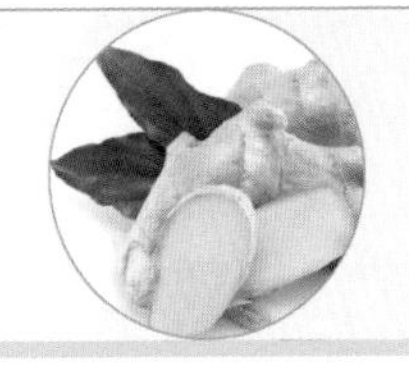

## 附录A　生姜高效栽培实例

### 1. 稻姜规模化轮作

乐山市五通桥区的“西坝生姜”有上千年的种植历史，常年种植面积达2.5万亩左右，年产量超过4万t，年产值近5亿元，远销全国各地，是南方地区闻名的生姜主产地。西坝生姜产量高，效益好，当地姜农采用与水稻轮作的方法，有效地克服了连作危害，实现了生姜的连年种植，连年高产。主要经验是，春季在稻田种植大棚生姜，6月底收挖生姜后灌水整田，栽插事先育好的晚稻秧苗。水稻收获后放水开沟，准备第二年的生姜栽培。由于生姜大棚栽培时间较早，避开了姜瘟病的高发时段，因此姜瘟病不易发生严重为害。生姜收挖后放水栽培晚稻，使田中的病虫大幅度减少或淹灭。在栽培生姜之前，适量补充农家肥和油枯，可以解决养分平衡供给的问题。这种循环往复的生姜连作方式，可以持续3~5年，最长的连作时间可达8年（图A-1）。

图A-1　乐山市五通桥区稻姜轮作

**2. 工厂化生产姜芽的锅炉生姜**

四川省威远县新店镇是姜芽的主产地，也是“锅炉生姜”技术发源地。20 世纪 80 年代，姜农就开始使用锅炉热水循环供热生产姜芽。从理论上讲，只要满足生姜的温度条件，生姜在任何时候都可以发芽。新店镇的姜农利用了这个原理，发明了在冬季用锅炉增温的方法生产姜芽，获得了很好的市场效益。“锅炉生姜”要求每亩地放姜种 10t，可以产姜芽 5t，效益十分可观。新店镇常年放姜种 600 ~ 800 亩，姜芽在元旦春节期间上市，此时常规方法生产的仔姜在市场上已经售罄，姜芽的市场价格达到常规姜的几倍甚至是十倍。很多姜农通过生产“锅炉生姜”获得了非常好的经济效益，走上了致富之路（图 A-2）。

图 A-2　威远县新店镇“锅炉生姜”生产现场

**3. 不怕连作的荣昌生姜**

重庆市荣昌县盘龙镇以盛产生姜而闻名，盘龙生姜具有色白质嫩，清香可口，爽口化渣，粗纤维含量低，含硫量少等特点，既可为菜，也可调味，更可入药，备受广大消费者青睐，是餐厅、宾馆必备的上等蔬菜。当地农民着力打造万亩无公害生姜基地，小小生姜成了当地农民致富的“金疙瘩”。

生姜是不宜连作的，如果连作容易造成严重病害而致严重减产，但是荣昌的姜农不怕连作。主要是他们掌握了克服连作障碍的“秘密武器”。这个秘密武器有两个要点：一是早播；二是休耕。荣昌姜农采用人工催芽，大棚覆盖等技术措施，在 6 月中旬就开始收挖生姜。这个时候生姜上市，在全国都是最早的，因此价格高，效益好，而且在姜瘟病爆发期之前的初夏收获生姜，避免了姜瘟病造成的损失。生姜收获后休耕，不种任何农作物。第二年在同一块地春种夏收生姜，然后又实行休耕，不栽种其他任何农作物，让土壤休养生息。这样循环往复，可以连续种植4~5年。实践证明，收获生姜后再播种其他农作物，将使第二年的生姜品质变差、产量下降、抗性减弱，得不偿失。在休耕期间要及早进行翻耕，深度要求在35cm以上，利用高温强光曝晒的方式，杀灭土壤中的病虫害，同时可使土壤自然风化，形成有利于根系生长的疏松土壤，促进矿质营养元素释放，改善土壤理化条件。

荣昌姜农采用这种办法，有效克服了生姜连作带来的危害。他们的方法非常独特，很多专家学者前往考察研究，认为这种方法的确是很有创意的发明创造，值得认真研究和借鉴（图A-3）。

**图A-3 荣昌早熟生姜收挖现场**

**4. 顶新“洞洞姜”远近闻名**

四川省安岳县顶新乡的“洞洞姜”，常年种植面积达2000余亩，洞洞姜的产品和栽培技术都非常独特，“洞洞姜”的姜指长、色泽白嫩、鲜香回甜、清脆可口。其栽培技术非常讲究精耕细作。安岳顶新乡的“洞洞姜”有上百年的种植历史，亩产可达3000~4000kg，亩产值高达上万元，其栽培技术要点：一是深耕土地，在上一年开始深耕土地，要求深度超过40cm。二是密集撬窝，用专用工具进行密集撬窝，每亩要求达到10000窝左右。姜窝深度要求达到40cm，直径10cm。三是牛粪催芽，用牛粪在苗床上将姜种覆盖进行增温催芽，催出3~5cm的短芽后放入撬洞中。后期的姜田管理措施和开沟播种的相似。

生姜种植以沙壤土为好，而洞洞姜不同，适宜在土壤黏性大的稻田里种植，而在沙壤土里反而不容易形成洞穴。这种撬窝种植技术，为扩大生姜种植区域提供了很好的样本。撬窝栽培的缺点是撬窝消耗的劳动力较多，难以进行规模化种植，如果采用机械化撬窝，则可以大幅度提高效率，使规模化栽培“洞洞姜”成为可能（图 A-4）。

图 A-4 四川省安岳县顶新乡“洞洞姜”播种现场

## 附录 B 常见计量单位名称与符号对照表

| 量的名称 | 单位名称 | 单位符号 |
|---|---|---|
| 长度 | 千米 | km |
| | 米 | m |
| | 厘米 | cm |
| | 毫米 | mm |
| | 微米 | μm |
| 面积 | 公顷 | ha |
| | 平方千米（平方公里） | $km^2$ |
| | 平方米 | $m^2$ |
| 体积 | 立方米 | $m^3$ |
| | 升 | L |
| | 毫升 | mL |
| 质量 | 吨 | t |
| | 千克（公斤） | kg |
| | 克 | g |
| | 毫克 | mg |

（续）

| 量的名称 | 单位名称 | 单位符号 |
| --- | --- | --- |
| 物质的量 | 摩尔 | mol |
| 时间 | 小时 | h |
|  | 分 | min |
|  | 秒 | s |
| 温度 | 摄氏度 | ℃ |
| 平面角 | 度 | (°) |
| 能量，热量 | 兆焦 | MJ |
|  | 千焦 | kJ |
|  | 焦［耳］ | J |
| 功率 | 瓦［特］ | W |
|  | 千瓦［特］ | kW |
| 电压 | 伏［特］ | V |
| 压力，压强 | 帕［斯卡］ | Pa |
| 电流 | 安［培］ | A |

# 参 考 文 献

[1] 徐坤，康立美. 生姜高产栽培技术研究 [J]. 山东农业科学，1999 (2)：28-29.
[2] 赵德婉，等. 生姜高产栽培 [M]. 2 版. 北京：金盾出版社，2005.
[3] 彭长江，李坤清. 图说南方生姜高效栽培 [M]. 北京：金盾出版社，2012.
[4] 彭长江. 生姜高效生产实用技术 [M]. 北京：化学工业出版社，2014.

ISBN：978-7-111-56696-0

定价：35.00 元

ISBN：978-7-111-47467-8

定价：25.00 元

ISBN：978-7-111-52313-0

定价：25.00 元

ISBN：978-7-111-56074-6

定价：29.80 元

ISBN：978-7-111-56065-4

定价：25.00 元

ISBN：978-7-111-46164-7

定价：25.00 元

ISBN：978-7-111-46165-4

定价：25.00 元

ISBN：978-7-111-48286-4

定价：19.80 元

ISBN：978-7-111-49264-1

定价：35.00 元

ISBN：978-7-111-46913-1

定价：29.80 元

ISBN：978-7-111-47926-0

定价：25.00 元

ISBN：978-7-111-49513-0

定价：25.00 元

ISBN：978-7-111-47947-5

定价：29.80 元

ISBN：978-7-111-49603-8

定价：29.80 元

ISBN：978-7-111-49441-6

定价：25.00 元

ISBN：978-7-111-48498-1

定价：29.80 元

ISBN：978-7-111-46898-1

定价：25.00 元

ISBN：978-7-111-54231-5

定价：29.80 元

ISBN：978-7-111-50503-7

定价：25.00 元

ISBN：978-7-111-52723-7

定价：39.80 元